工学系のための応用数学

松井信行・監修
市村正也 ｜ 共著
森田良文

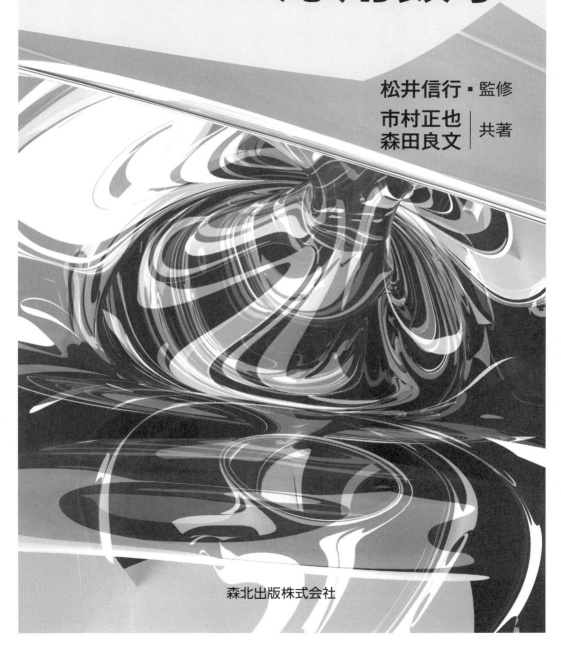

森北出版株式会社

●本書のサポート情報を当社Webサイトに掲載する場合があります．
下記のURLにアクセスし，サポートの案内をご覧ください．

https://www.morikita.co.jp/support/

●本書の内容に関するご質問は，森北出版 出版部「(書名を明記)」係宛
に書面にて，もしくは下記のe-mailアドレスまでお願いします．なお，
電話でのご質問には応じかねますので，あらかじめご了承ください．

editor@morikita.co.jp

●本書により得られた情報の使用から生じるいかなる損害についても，
当社および本書の著者は責任を負わないものとします．

■本書に記載している製品名，商標および登録商標は，各権利者に帰属
します．

■本書を無断で複写複製（電子化を含む）することは，著作権法上での
例外を除き，禁じられています．複写される場合は，そのつど事前に
(一社)出版者著作権管理機構（電話03-5244-5088, FAX03-5244-5089,
e-mail：info@jcopy.or.jp）の許諾を得てください．また本書を代行業者
等の第三者に依頼してスキャンやデジタル化することは，たとえ個人や
家庭内での利用であっても一切認められておりません．

監修の言葉

　わが国の高等教育機関で工学が取り扱われるようになったころは，土木建築，化学，機械，電気の四部門が中核をなしていたのではないかと思われる．また，それらの分野は時代とともに日常生活の中に徐々に溶け込んでいった，かのように見えた．しかし実際のところ，それらは長きにわたりいわゆる専門家の手中にあり，私たちの日常とは依然として多少の距離を置いたところに位置していたように思われる．

　今日，私たちを取り巻く環境はドラスティックに変化を遂げている．その変化は，いまや科学技術の知見なくして語れなくなるほどにまで私たちの生活に，影響を及ぼし，浸透し始め，専門分野と日常との距離は明らかに縮まってきている．また，そうした時代の変貌とともに工学の分野は細分化され，結果，問題解決の道筋を明確にするためには多くの専門分野を横断的に見通す新たな知見と能力が問われるまでに至っている．たとえば，機械工学の産物ととらえられてきた自動車は，電動化，コネクティッド，モビリティサービス，自動運転などの観点から，ハードな工学の領域を越え，従来から脱皮するかのごとく，情報処理，通信，AI，感性，デザイン，工学および社会倫理などの集積の真っただ中に位置するものになっている．

　とはいえ，工学の世界を志すフレッシュマンは，かつての専門家たちもたどった地道な学習から始めなければならない．複雑に入り組んで見える工学の世界も，その第一歩は種々の眼前の現象をモデル化して抽象の世界に持ち込む「モデリング」という作業から始まる．こうして得られたモデルに対する解析により眼前の挙動の本質を解明し，設計によって望む機能を具現することが可能となり，具体的な問題解決につながっていくのである．そして，この道筋を切り開くツールがまぎれもない「数学」なのである．本書では，新たな時代の工学に挑戦するフレッシュマンに切れ味のよい数学力を賦与するために，微分方程式，ベクトル解析，複素解析，フーリエ解析，ラプラス変換に的を絞り，これらを具体的な工学問題との関連の中で解説している．豊富な例題と詳細な解答付きの演習問題を通して理解を深化させるように工夫された「工学系のための応用数学」と銘打った書であり，ここに監修者として推挙するものである．

2018 年 6 月

名古屋工業大学名誉教授　松井信行

読者の皆さんへ

　私たちはこれまで約 10 年間，工学部電気系の 1 年生に応用数学を教えてきた．二人とも数学の教員ではなく電気系の教員なので，どこまでも抽象的で厳密な数学本来の魅力を伝えることはできないが，その代わり，応用数学が物理現象の解明ツールとしていかに有益であるかを伝えることに専念してきた．またその際，学生さんに学びのモチベーションをアップしてもらい，それを継続してもらうためにさまざまな工夫をしてきた．本書の執筆にあたっては，それらの経験を踏まえ，例題として単なる計算問題だけでなく，物理現象の解明を目的とした問題を多く取り入れた．また，できるだけ直感的に理解しやすいような，簡潔な記述を心がけた（これだけ工学，物理の例題がたくさん入り，応用数学のほとんど全範囲を扱いながら，これだけのページ数に収まっている本はめずらしいだろう）．

　ただ，高校数学の知識だけでこの本を読み進めるのは少し難しいかもしれない．標準的な理工系のカリキュラムならば学部 1 年前期で学ぶ程度の，微分積分と線形代数の知識をもっているほうが楽に理解できるだろう（まだ学習していない学生さんのために，最低限の情報を巻末の付録に載せた）．

　本書の章は基本的に独立しており，どの章から読み始めてもかまわないし，章を選んで学習することもできる．本書で扱った応用数学の工学や物理における用途はとても広いので，できるだけいろいろな専門分野へ応用できるよう，多様な例題を取り上げた．

　第 1 章の「常微分方程式」は，応用数学の基礎というべき内容である．物理法則の多くは微分方程式で表されるので，その微分方程式を解くことで，物理現象を予想することができる．たとえば，電気回路であれば，抵抗の値を変えたらどんな挙動に変わるのかを予想することができる．つまり，いわゆるシミュレーションができる．本書では，微分方程式をそのまま解く方法と，第 5 章の「ラプラス変換」を使う方法の両方で同じ問題を解くことで，二つの手法を比較しながら学ぶ．第 2 章の「ベクトル解析」は，3 次元空間での問題を解くときにどうしても必要になり，特に力学や電磁気学で用いられる．第 3 章の「複素解析」，第 4 章の「フーリエ解析」は，力学の振動や電気信号の解析によく用いられる．本書では，基礎的な物理学に加え電気系，機械系，化学系の例題を取り上げたが，異なる分野の一見まったく異なる現象が，同じ数学的手法で解析できるということがしばしばある．多様な例題の学習を通して，そのような数学の普遍性にも気づいてほしいと考えている．

　最後に，このような機会を与えてくださった出版社の皆さまと監修者の松井先生に感謝いたします．また，数式や問題の解答の確認をしてくれた学生さんに感謝いたします．

2018 年 6 月

市村正也（担当 2，3，4 章）

森田良文（担当 1，5 章）

目　次

第 1 章　常微分方程式	**1**
1.1　微分方程式と適用事例	1
1.1.1　微分方程式の基礎知識	1
1.1.2　物理現象と微分方程式	2
1.2　1 階微分方程式と解法	4
1.2.1　変数分離型微分方程式	4
1.2.2　定数係数 1 階線形同次微分方程式	7
1.2.3　定数係数 1 階線形非同次微分方程式	8
1.2.4　変数係数 1 階線形非同次微分方程式	10
1.3　2 階線形微分方程式と解法	14
1.3.1　定数係数 2 階線形同次微分方程式	14
1.3.2　定数係数 2 階線形非同次微分方程式	20
1.4　定数係数高階線形微分方程式と解法	28
1.5　1 階連立線形微分方程式と解法	30
1.5.1　定数係数 1 階連立線形微分方程式	30
1.5.2　行列の対角化による解法	31
章末問題	38
第 2 章　ベクトル解析	**41**
2.1　ベクトルの演算	41
2.1.1　ベクトルの表記と基本的な演算	41
2.1.2　ベクトルの内積（スカラー積）	43
2.1.3　ベクトルの外積（ベクトル積）	44
2.1.4　内積と外積の利用例	47
2.1.5　ベクトルの変換	49
2.1.6　ベクトル関数の微分	50
2.2　曲線と曲面の表現	52

iv　目　次

2.2.1　曲　線	. . . .	52
2.2.2　曲　面		54
2.3　スカラー場，ベクトル場の微分	. . . .	55
2.3.1　場の概念	. . . .	56
2.3.2　勾　配	. . . .	56
2.3.3　発　散	. . . .	58
2.3.4　回　転	. . . .	60
2.4　スカラー場，ベクトル場の積分	. . . .	62
2.4.1　線積分	. . . .	62
2.4.2　面積分	. . . .	66
2.5　積分定理	. . . .	68
2.5.1　発散定理（ガウスの定理）	. . . . . .	68
2.5.2　ストークスの定理	. . . .	71
章末問題	. . . .	76

第3章　複素解析　　　　　　　　　　　　　　　　　　　　78

3.1　複素数の関数	. . . .	78
3.1.1　複素数と複素平面	. . . .	78
3.1.2　オイラーの公式と複素数の n 乗根	.	79
3.1.3　指数関数と三角関数	. . . .	83
3.1.4　対数関数と逆三角関数	. . . .	84
3.2　複素関数の微分	. . . .	86
3.2.1　コーシー・リーマンの式と正則関数	.	86
3.2.2　代表的な複素関数の微分	. . . .	87
3.2.3　複素関数を用いた微分方程式の解法例（振動と電気回路）	. . .	88
3.3　複素関数の積分	. . . .	91
3.3.1　複素積分	. . . .	92
3.3.2　コーシーの積分定理	. . . .	94
3.3.3　コーシーの積分公式	. . . .	97
3.4　複素積分を利用した実関数の積分	. . . . . .	99
3.4.1　テイラー展開とローラン展開	. . . . .	99
3.4.2　留数とその応用	. . . .	104
章末問題	. . . .	109

目　次　　v

第 4 章　フーリエ解析 ——————————————————————————— 111

4.1　フーリエ級数 · 111

4.1.1　フーリエ級数とは · · · · · · · · · · · · · · · · · 111

4.1.2　フーリエ係数の算出 · · · · · · · · · · · · · · · 113

4.1.3　特別な関数のフーリエ級数：偶関数，奇関数 · · · · · 116

4.1.4　フーリエ級数の応用例 · · · · · · · · · · · · · 119

4.2　非周期関数へのフーリエ級数の拡張（フーリエ変換）· · · · · 124

4.2.1　複素フーリエ級数 · · · · · · · · · · · · · · · · 124

4.2.2　フーリエ変換・フーリエ積分 · · · · · · · · · · 128

4.2.3　フーリエ変換に関する公式 · · · · · · · · · · · 131

章末問題 · 132

第 5 章　ラプラス変換 ——————————————————————————— 134

5.1　ラプラス変換とは · 134

5.1.1　ラプラス変換と逆ラプラス変換の定義 · · · · · · · 134

5.1.2　ラプラス変換とフーリエ変換の違い · · · · · · · 136

5.1.3　代表的な関数のラプラス変換 · · · · · · · · · · 137

5.1.4　ラプラス変換の性質 · · · · · · · · · · · · · · · 139

5.2　ラプラス変換はどう役立つか · · · · · · · · · · · · · · · 142

5.2.1　逆ラプラス変換 · · · · · · · · · · · · · · · · · 143

5.2.2　ヘビサイドの展開定理 · · · · · · · · · · · · · 144

5.2.3　初期値定理と最終値定理 · · · · · · · · · · · · 146

5.2.4　微分方程式の解法への応用 · · · · · · · · · · · 148

章末問題 · 153

付　録 ——————————————————————————————————————— 156

A.1　関連する積分公式 · 156

A.2　行　列 · 156

A.2.1　行列の基礎 · · · · · · · · · · · · · · · · · · · 156

A.2.2　行列式 · 157

A.2.3　固有値問題，行列の対角化 · · · · · · · · · · · 158

A.3　テイラー展開 · 159

vi 目　次

章末問題の解答 ——————————————————————— 161

参考文献 ——————————————————————— 180

索　引 ——————————————————————— 181

ギリシャ文字

大文字	小文字	読み	大文字	小文字	読み
A	α	アルファ	N	ν	ニュー
B	β	ベータ	Ξ	ξ	グザイ（クシィ）
Γ	γ	ガンマ	O	o	オミクロン
Δ	δ	デルタ	Π	π	パイ
E	ϵ, ε	イプシロン	P	ρ	ロー
Z	ζ	ジータ	Σ	σ	シグマ
H	η	イータ	T	τ	タウ
Θ	θ	シータ	Υ	υ	ウプシロン
I	ι	イオタ	Φ	φ, ϕ	ファイ
K	κ	カッパ	X	χ	カイ
Λ	λ	ラムダ	Ψ	ψ	プサイ（プシィ）
M	μ	ミュー	Ω	ω	オメガ

第1章

常微分方程式

　本章では，未知数の代わりに未知関数とその導関数が含まれることを特徴とする微分方程式と，その解き方について学ぶ．私たちが工学で対象とする動きのある現象を数式で表現すると，それは微分方程式として表される．たとえば，これまで高校で学んだ物体の等加速度直線運動，物体の落下運動，単振動も微分方程式で表され，それを解くことでそれぞれの現象を解明することができる．また，抵抗，コイル，およびコンデンサの組み合わせからなる電気回路に電圧を加えると回路に電流が流れるが，その電流の時間的な変化も微分方程式で表され，これを解くことで電流の現象を解明することができる．同様に，ばねの先端におもりをつるした状態で，おもりを引っ張って離したときの振動も解明することができる．このように，動きのある現象を微分方程式で表すことによって，その現象を解明することが可能となることから，工学分野では微分方程式とその解法は不可欠な知識である．

1.1　微分方程式と適用事例

　本節では，微分方程式の基礎知識を習得し，本書で扱う常微分方程式を理解することを目指す．また，物理現象の解明を目的に，簡単な物理現象を微分方程式で表し，その解から物理現象を説明するまでの流れを学ぶ．

1.1.1 ◆ 微分方程式の基礎知識

　微分方程式とは，**未知関数**とその**独立変数**，未知関数の**導関数**[†1]から構成される，たとえば以下のような方程式である．

$$\frac{d^2 x(t)}{dt^2} + 5\frac{dx(t)}{dt} + 6x(t) = 0 \tag{1.1}$$

　この微分方程式の未知関数は $x(t)$，独立変数は t である．このように独立変数が一つの未知関数からなる微分方程式を**常微分方程式** (ordinary differential equation) という[†2]．また，微分方程式に含まれる導関数の最高階数をその微分方程式の**階数**とい

---

†1　$\frac{dx(t)}{dt}$ を $x'(t)$，$\frac{d^2 x(t)}{dt^2}$ を $x''(t)$ と表記する場合もある．

†2　独立変数が二つ以上，たとえば t と s からなる未知関数 $x(t,s)$ とその導関数からなる微分方程式を偏微分方程式という．本章では，独立変数が一つの未知関数の場合のみを扱う．

2　第1章　常微分方程式

う．つまり，式 (1.1) は 2 階微分方程式である．

　さて，式 (1.1) の解を求める方法は後述するとして，その解は $x(t) = e^{-2t}$ と $x(t) = e^{-3t}$ であることは，実際に，それぞれを式 (1.1) の左辺に代入すると 0 になることからわかる．しかし，解はこれだけに限らず，c_1 と c_2 を任意定数とすると，

$$x(t) = c_1 e^{-2t} + c_2 e^{-3t} \tag{1.2}$$

も解となる．この解を**一般解** (general solution) という．一方，一般解の任意定数に特定の値を与えて得られる解を**特殊解** (particular solution) という．

　ここで，一般解の任意定数に特定の値を与えるために，微分方程式に条件を与える．この条件を**初期条件** (initial condition) といい，定数 t_0，α_1，α_2 を用いて，

$$x(t_0) = \alpha_1, \quad \frac{dx(t_0)}{dt} = \alpha_2$$

と表される．この条件を満たす解を求める問題を**初期値問題** (initial-value problem) という．これから学ぶ微分方程式の一般解において，初期条件が与えられた場合に限り，一般解の任意定数を求めることができる．

　式 (1.1) は，独立変数 t の関数として未知関数 $x(t)$ とその導関数 $\dfrac{dx(t)}{dt}$，$\dfrac{d^2x(t)}{dt^2}$ のみから構成される．この微分方程式を**同次微分方程式** (homogeneous differential equation) という．これに対して，次式の微分方程式は未知関数とその導関数以外の項として $f(t)$ が含まれる．

$$\frac{d^2x(t)}{dt^2} + a_1 \frac{dx(t)}{dt} + a_0 x(t) = f(t) \tag{1.3}$$

この微分方程式を**非同次微分方程式** (inhomogeneous differential equation) といい，$f(t)$ を**非同次項**という．また，式 (1.1) も式 (1.3) も，左辺は未知関数とその導関数が**線形結合** (linear combination) で表されることから，式 (1.1) を**線形同次微分方程式**，式 (1.3) を**線形非同次微分方程式**という．

1.1.2◆ 物理現象と微分方程式

　ここでは，高校の物理で学んだ物体の自由落下について，微分方程式との関係を調べてみよう．図 1.1(a) に示すような，質量が m の物体の自由落下を考える．重力加速度を g，物体の変位を $x(t)$，その変位の正方向を鉛直上向きとすると，物体の加速度は $\dfrac{d^2x(t)}{dt^2}$ なので，運動方程式は以下となる．

$$m\frac{d^2x(t)}{dt^2} = -mg \quad \Leftrightarrow \quad \frac{d^2x(t)}{dt^2} = -g \tag{1.4}$$

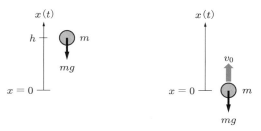

（a）高さ h からの自由落下　　（b）初速度 v_0 で投げ上げ

図 1.1　物体の自由落下

この微分方程式は，高校の数学の知識で解を求めることができる．

まず，式 (1.4) の両辺を積分すると，

$$\frac{dx(t)}{dt} = -gt + c_1 \tag{1.5}$$

となる．さらに両辺を積分すると，

$$x(t) = -\frac{1}{2}gt^2 + c_1 t + c_2 \tag{1.6}$$

となる．ここで，c_1 と c_2 は積分定数である．式 (1.6) は自由落下運動の一般解であり，c_1, c_2 は任意定数であるから，このままでは物理現象の具体性に欠ける．

ここで，物体の初期位置（$t=0$ における物体の位置）を地面（$x=0$）から高さ h とし，ゆっくり手を離す場合を考えよう．この場合の初期条件は，$x(0) = h$ と $\frac{dx(0)}{dt} = 0$ として表される．この二つの条件を式 (1.5) と式 (1.6) に代入することで，$c_1 = 0, c_2 = h$ を得る．つまり，この場合の物体の速度と変位は，次式の特殊解として表される．

$$\frac{dx(t)}{dt} = -gt \tag{1.7}$$

$$x(t) = h - \frac{1}{2}gt^2 \tag{1.8}$$

このように，初期条件を指定することで，物理現象が具体的に示される．

次に，この問題で見方を変えて，図 1.1(b) に示すように，物体の初期位置を 0，地面から物体を鉛直上方に初速度 v_0 で投げる場合を考えよう．運動方程式はそのままで，初期条件を $x(0) = 0$，$\frac{dx(0)}{dt} = v_0$ とすればよい．この条件を式 (1.5) と式 (1.6) に代入すると，$c_1 = v_0, c_2 = 0$ を得る．よって，この場合の物体の速度と物体の変位は次式で表される．

$$\frac{dx(t)}{dt} = v_0 - gt \tag{1.9}$$

$$x(t) = v_0 t - \frac{1}{2}gt^2 \tag{1.10}$$

$t = 0$ で投げ上げられた物体は，式 (1.10) で $x(t) = 0$ とすることにより，$t = \dfrac{2v_0}{g}$ 後に再び地面に戻ることがわかる．

このようにいずれの問題も，微分方程式によって現象をモデル化し，初期条件のもとで微分方程式を解いて任意定数を決定することで，物体の速度と変位が求められる．

1.2　1階微分方程式と解法

まず，微分方程式の簡単な例として1階微分方程式を取り上げよう．1階微分方程式とは，次式で表されるように，未知関数 $x(t)$，その導関数 $\dfrac{dx(t)}{dt}$，および独立変数 t からなる微分方程式である．

$$\frac{dx(t)}{dt} = f(x(t), t) \tag{1.11}$$

ここでは表 1.1 に示す種類の微分方程式の解法を学ぶ．(2) から (5) は，未知関数とその導関数が線形結合として表されていることから，1階線形微分方程式という．

表 1.1　1階微分方程式の種類

(1) 変数分離型微分方程式	$\dfrac{dx(t)}{dt} = f(t)g(x)$
(2) 定数係数1階線形同次微分方程式	$\dfrac{dx(t)}{dt} + ax(t) = 0$ 　（a：定数）
(3) 定数係数1階線形非同次微分方程式	$\dfrac{dx(t)}{dt} + ax(t) = f(t)$ 　（a：定数）
(4) 変数係数1階線形同次微分方程式	$\dfrac{dx(t)}{dt} + a(t)x(t) = 0$
(5) 変数係数1階線形非同次微分方程式	$\dfrac{dx(t)}{dt} + a(t)x(t) = f(t)$

1.2.1 ◆ 変数分離型微分方程式

1階微分方程式 (1.11) のうち，以下で示す微分方程式を変数分離型微分方程式とよぶ．

$$\frac{dx(t)}{dt} = f(t)g(x) \tag{1.12}$$

右辺は，独立変数 t の関数 $f(t)$ と未知関数 x の関数 $g(x)$ の積からなること（**変数分離** (separation of variables) という）を特徴とする．この例としては，

$$\frac{dx(t)}{dt} = 2t^3, \qquad \frac{dx(t)}{dt} = (2t+1)(x+1), \qquad \frac{dx(t)}{dt} = e^{t-x}$$

などがある．表 1.1 の (2) も，$f(t) = a$，$g(x) = -x$（$f(t) = 1$，$g(x) = -ax$ などでも
よい）とする変数分離型微分方程式に分類されることに注意してほしい．同様に，表
1.1 の (4) も，$f(t) = a(t)$，$g(x) = -x$（$f(t) = -a(t)$，$g(x) = x$ などでもよい）とす
る変数分離型微分方程式に分類される．式 (1.12) の解の求め方としては，$g(x) \neq 0$ の
もとで，式 (1.12) の両辺を $g(x)$ で割ると，

$$\frac{1}{g(x)} \frac{dx(t)}{dt} = f(t) \tag{1.13}$$

となる．ここで，$\dfrac{1}{g(x)} = h(x)$ とすると，

$$h(x) \frac{dx(t)}{dt} = f(t) \tag{1.14}$$

となる．次に，$H(x) = \displaystyle\int h(x)dx$ とおく．関数 $H(x)$ において，x が t の関数である
ので，関数 $H(x)$ は t の関数である．そこで，合成関数の微分の公式から，

$$\frac{d}{dt} H(x) = \frac{dH(x)}{dx} \frac{dx}{dt}$$

が成り立つ．ここで，$H(x)$ の定義より，$h(x) = \dfrac{dH(x)}{dx}$ なので，

$$\frac{d}{dt} H(x) = h(x) \frac{dx}{dt} \tag{1.15}$$

が成り立つ．式 (1.15) の右辺は，式 (1.14) の左辺と等しいので，

$$\frac{d}{dt} H(x) = f(t) \tag{1.16}$$

と書きなおされる．この式は，t の関数として $H(x)$ が $f(t)$ の原始関数 $\left(\displaystyle\int f(t)dt \right)$ で
あることを意味するから，式 (1.12) の解は，

$$H(x) = \int f(t)\,dt + c \quad (c \text{ は任意定数})$$

$$\int h(x)\,dx = \int f(t)\,dt + c$$

$$\int \frac{1}{g(x)}\,dx = \int f(t)\,dt + c \tag{1.17}$$

より得られる．式 (1.17) で定まる 1 個の任意定数 c を含む t の関数 x が，式 (1.12) の
一般解である．ここで，式 (1.17) の両辺の積分を行えるとは限らないが，もし行えた
のならば，式 (1.12) は解けたという．

6 第1章 常微分方程式

まとめると，式 (1.12) の微分方程式の解は

$$\int \frac{1}{g(x)}\,dx = \int f(t)\,dt + c \quad (c \text{ は任意定数}) \tag{1.18}$$

で与えられる.

この結果は，式 (1.12) の両辺に $\frac{1}{g(x)}$ を掛け，便宜上 dx と dt を分けて考えて両辺に dt を掛け，さらに積分記号 $\int$ を付け加えた式に等しく，見かけ上，左辺は x だけの式，右辺は t だけの式となっていることがわかる．変数分離とよぶのはそのためである.

もし，$g(x_0) = 0$ となる定数 x_0 が存在するときには，定数関数 $x = x_0$ も式 (1.12) を満たす．したがって，$x = x_0$ も式 (1.12) の解の一つであることに注意しよう.

例題 1.1 以下の微分方程式の一般解を求めよ．また，$x(0) = 0$ の初期条件のもとでの特殊解を求めよ.

(1) $\dfrac{dx}{dt} = \dfrac{t}{x}$ (2) $\dfrac{dx}{dt} = 3(x+1)t^2$

....

解 (1) 与えられた微分方程式は，式 (1.12) で $g(x) = \dfrac{1}{x}$，$f(t) = t$ とおいた変数分離型微分方程式なので，式 (1.18) に代入すると，

$$\int x\,dx = \int t\,dt + c_0 \quad (c_0 \text{は任意定数})$$
$$\frac{1}{2}x^2 = \frac{1}{2}t^2 + c_0$$
$$x^2 = t^2 + c \quad (c \text{ は任意定数})$$
$$x(t) = \pm\sqrt{t^2 + c} \tag{1.19}$$

より一般解を得る．ただし，$2c_0$ を改めて任意定数 c と置き換えたことに注意しよう．ここで，式 (1.19) に初期条件を代入して c を求めると $c = 0$ となるので，下記の特殊解を得る.

$$x(t) = \pm t$$

(2) 同様に，$g(x) = x+1$，$f(t) = 3t^2$ を式 (1.18) に代入すると，

$$\int \frac{1}{x+1}\,dx = \int 3t^2\,dt + c_0 \quad (c_0 \text{は任意定数})$$
$$\log|x+1| = t^3 + c_0$$

$$x(t) = \pm e^{t^3 + c_0} - 1$$

$$x(t) = ce^{t^3} - 1 \quad (c \text{ は任意定数}) \tag{1.20}$$

より一般解を得る. ただし, $\pm e^{c_0}$ を改めて任意定数 c と置き換えたことに注意しよう. ここで, 式 (1.20) に初期条件を代入して c を求めると $c = 1$ となるので, 下記の特殊解を得る.

$$x(t) = e^{t^3} - 1$$

1.2.2 ◆ 定数係数 1 階線形同次微分方程式

次のような微分方程式を定数係数 1 階線形同次微分方程式とよぶ.

$$\frac{dx(t)}{dt} + ax(t) = 0 \tag{1.21}$$

ここで, a は定数である. 以降はこれを 1 階同次方程式とよぶ. これは変数分離できるが, ここでは**積分因子**を用いる解法を示す.

まず, 式 (1.21) の両辺に e^{at} を掛けて, 積の微分法則を用いると,

$$e^{at}\frac{dx(t)}{dt} + ae^{at}x(t) = 0$$

$$\frac{d}{dt}\left(e^{at}x(t)\right) = 0$$

となる. このように, 両辺に積分因子 e^{at} を掛けることで, 左辺が積分因子 e^{at} と未知関数 $x(t)$ の積の微分の形となっている. これが, 積分因子を用いた方法の特徴である. 上式の両辺を積分すると,

$$e^{at}x(t) = c \quad (c \text{ は任意定数})$$

$$x(t) = ce^{-at} \tag{1.22}$$

となり, 式 (1.21) の一般解を得る.

例題 1.2 $\dfrac{dx(t)}{dt} + 2x(t) = 0$ の一般解を求めよ. また, $x(0) = 2$ の初期条件のもとでの特殊解を求めよ.

....

解 両辺に e^{2t} を掛けると,

$$e^{2t}\frac{dx(t)}{dt} + 2e^{2t}x(t) = 0 \quad \Leftrightarrow \quad \frac{d}{dt}\left(e^{2t}x(t)\right) = 0 \quad \Leftrightarrow \quad e^{2t}x(t) = c \quad (c \text{ は任意定数})$$

となるので, 一般解は

8   第1章 常微分方程式

$$x(t) = ce^{-2t}$$

となる．ここで，初期条件から $x(0) = c = 2$ となるので，下記の特殊解を得る．

$$x(t) = 2e^{-2t}$$

例題 1.3　放射性物質の崩壊の時間変化について考える．崩壊の時間変化は，現在の放射性物質の個数 $N(t)$ に比例することが知られている．ここで，時刻 $t = 0$ の放射性物質の個数を N_0，比例定数を k（崩壊係数とよぶ）とすると，次式の関係式が得られる．

$$\frac{dN(t)}{dt} = -kN(t), \quad N(0) = N_0$$

この微分方程式を解いて，時刻 t における放射性物質の個数を求めよ．

解　与えられた関係式の両辺に e^{kt} を掛けると，

$$e^{kt}\frac{dN(t)}{dt} + ke^{kt}N(t) = 0$$

となり，

$$\frac{d}{dt}\left(e^{kt}N(t)\right) = 0 \quad \Leftrightarrow \quad e^{kt}N(t) = c \quad \Leftrightarrow \quad N(t) = ce^{-kt} \quad (c \text{ は任意定数})$$

となるので，初期条件から下記の解を得る．

$$N(t) = N_0 e^{-kt}$$

ここで，半減期について考える．半減期とは放射性物質の個数が半分になるまでに要する時間である．これを T とすると，

$$\frac{1}{2}N_0 = N_0 e^{-kT}$$

が成り立つ．これより，

$$T = \frac{\log_e 2}{k} \tag{1.23}$$

を得る．ちなみに，セシウム 134 の半減期は 2 年，セシウム 137 の半減期は 30 年である．

1.2.3 ◆ 定数係数 1 階線形非同次微分方程式

次のような微分方程式を定数係数 1 階線形非同次微分方程式とよぶ．

$$\frac{dx(t)}{dt} + ax(t) = f(t) \tag{1.24}$$

ここで，a は定数である．以降はこれを 1 階非同次方程式とよぶ．これも前項と同様

に**積分因子**を用いて容易に解を求められる．式 (1.24) の両辺に積分因子 e^{at} を掛けると，

$$e^{at}\frac{dx(t)}{dt} + ae^{at}x(t) = e^{at}f(t) \tag{1.25}$$

$$\frac{1}{dt}\left(e^{at}x(t)\right) = e^{at}f(t) \tag{1.26}$$

となる．両辺を積分すると，

$$e^{at}x(t) = \int e^{at}f(t)\,dt + c \quad (c\text{ は任意定数}) \tag{1.27}$$

となる．両辺に e^{-at} を掛けると，

$$x(t) = e^{-at}\left(\int e^{at}f(t)\,dt + c\right) \tag{1.28}$$

$$x(t) = ce^{-at} + e^{-at}\int e^{at}f(t)\,dt \tag{1.29}$$

となり，式 (1.24) の一般解が得られる．

例題 1.4 $\dfrac{dx(t)}{dt} + 2x(t) = 2$ の一般解を求めよ．また，$x(0) = 2$ の初期条件のもとでの特殊解を求めよ．

解 両辺に e^{2t} を掛けると，

$$e^{2t}\frac{dx(t)}{dt} + 2e^{2t}x(t) = 2e^{2t} \quad \Leftrightarrow \quad \frac{d}{dt}\left(e^{2t}x(t)\right) = 2e^{2t}$$

となる．両辺を積分すると，

$$e^{2t}x(t) = 2\int e^{2t}dt + c \quad (c\text{ は任意定数}) \quad \Leftrightarrow \quad e^{2t}x(t) = e^{2t} + c$$

となる．これより一般解は，

$$x(t) = 1 + ce^{-2t}$$

となる．ここで，初期条件から，$x(0) = 1 + c = 2$ より $c = 1$ となるので，下記の解を得る．

$$x(t) = 1 + e^{-2t}$$

ここで，式 (1.29) から解の構成を考えてみる．右辺第 1 項の ce^{-at} は，式 (1.24) の右辺を 0 とした 1 階同次方程式 (1.21) の一般解 (1.22) と同じである．一方，右辺第 2

10   第 1 章　常微分方程式

項の $e^{-at} \int e^{at} f(t) dt$ は任意定数 c を含んでおらず，これだけを式 (1.24) に代入しても，解として成立することがわかる．すなわち，$c = 0$ とした特殊解である．この考察から，以下が成り立つことがわかる．

[非同次方程式 (1.24) の一般解 $x(t)$]

= [同次方程式 (1.21) の一般解 $x_h(t)$] + [非同次方程式 (1.24) の特殊解 $x_p(t)$]

この結果は，与えられた非同次方程式の一般解は，まずは同次方程式の一般解 $x_h(t)$ を求め，次に非同次方程式の特殊解を求めて，最後にそれらを足し算して得られることを意味する．2 階微分方程式を解く際にも，この結果を利用することができる（1.3.2 項参照）．なお，同次微分方程式を homogenous difference equation ということからその解を $x_h(t)$，特殊解を particular solution ということから非同次方程式の解を $x_p(t)$ と表記する．

1.2.4 ◆ 変数係数 1 階線形非同次微分方程式

次のような微分方程式を変数係数 1 階線形非同次微分方程式とよぶ．

$$\frac{dx(t)}{dt} + a(t)x(t) = f(t) \tag{1.30}$$

この微分方程式の解法として，積分因子を用いる方法と定数変化法を示す．なお，これらの解法は，$f(t) = 0$ とおけば変数係数 1 階線形同次微分方程式の解法にもなることを覚えておこう．

(1)　積分因子を用いる方法

定数係数の場合を思い出してみよう．式 (1.24) の両辺に**積分因子** e^{at} を掛けることで，左辺が積分因子 e^{at} と未知関数 $x(t)$ の積の微分の形となることが特徴であった．これと同様に，式 (1.30) の両辺に関数 $m(t)$ を掛けたとき，左辺が $\frac{d}{dt}(m(t)x(t))$ となるような $m(t)$ を探してみよう．このような関数 $m(t)$ の満たすべき関係式は，題意より，

$$m(t)\left(\frac{dx(t)}{dt} + a(t)x(t)\right) = \frac{d}{dt}(m(t)x(t))$$

となり，両辺の比較から，

$$m(t)a(t)x(t) = \frac{dm(t)}{dt}x(t)$$

の関係が得られ，これより，

$$\frac{dm(t)}{dt} = m(t)a(t) \tag{1.31}$$

を得る．式 (1.31) は $m(t)$ に関する変数分離型微分方程式であるので，式 (1.18) を用いると，

$$\int \frac{1}{m} dm = \int a(t)\, dx + c_0 \quad \Leftrightarrow \quad \log m = \int a(t)\, dx + c_0 \quad (c_0 は任意定数)$$

より，式 (1.31) の解は，

$$m(t) = ce^{\int a(t)dt} \quad (c は任意定数) \tag{1.32}$$

と表される．ここで，$m(x)$ として一つが求められればよいので，$c = 1$ とすると $m(t) = e^{\int a(t)dt}$ を得る．これが変数係数の場合の積分因子である．

実際に，式 (1.30) の両辺に $m(t) = e^{\int a(t)dt}$ を掛けると，

$$\frac{d}{dt}\left(e^{\int a(t)dt} x(t)\right) = e^{\int a(t)dt} f(t) \tag{1.33}$$

となり，両辺を t で積分すると，

$$e^{\int a(t)dt} x(t) = \int e^{\int a(t)dt} f(t)dt + c \quad (c は任意定数) \tag{1.34}$$

となる．両辺に $e^{-\int a(t)dt}$ を掛けると，以下を得る．

$$x(t) = e^{-\int a(t)dt}\left(\int e^{\int a(t)dt} f(t)dt + c\right)$$

例題 1.5 以下の微分方程式の解を与えられた初期条件のもとで求めよ．

(1) $\dfrac{dx(t)}{dt} + tx(t) = t, \quad x(0) = 2$ 　　(2) $\dfrac{dx(t)}{dt} + \dfrac{1}{t}x(t) = 2, \quad x(1) = 2$

....

解 (1) $\displaystyle\int t\, dt = \frac{1}{2}t^2$ なので，積分因子は $e^{\frac{1}{2}t^2}$ となる．これを両辺に掛けると，

$$e^{\frac{1}{2}t^2}\frac{dx(t)}{dt} + e^{\frac{1}{2}t^2}tx(t) = e^{\frac{1}{2}t^2}t \quad \Leftrightarrow \quad \frac{d}{dt}\left(e^{\frac{1}{2}t^2}x(t)\right) = e^{\frac{1}{2}t^2}t$$

となる．両辺を積分すると，

$$e^{\frac{1}{2}t^2}x(t) = \int e^{\frac{1}{2}t^2}t\, dt \quad \Leftrightarrow \quad e^{\frac{1}{2}t^2}x(t) = e^{\frac{1}{2}t^2} + c \quad (c は任意定数)$$

となり，一般解は

$$x(t) = 1 + ce^{-\frac{1}{2}t^2}$$

12 第1章 常微分方程式

となる．ここで，初期条件から，$x(0) = 1 + c = 2$ より $c = 1$ となるので，下記の解を得る．

$$x(t) = 1 + e^{-\frac{1}{2}t^2}$$

(2) $\displaystyle\int \frac{1}{t}\,dt = \log t$ なので，積分因子は $e^{\log t} = t$ となる．これを両辺に掛けると，

$$t\frac{dx(t)}{dt} + x(t) = 2t \quad\Leftrightarrow\quad \frac{d}{dt}(tx(t)) = 2t$$

となる．両辺を積分すると，

$$tx(t) = 2\int t\,dt \quad\Leftrightarrow\quad tx(t) = t^2 + c \quad (c\text{ は任意定数})$$

となり，一般解は

$$x(t) = t + \frac{c}{t}$$

となる．ここで，初期条件から，$x(1) = 1 + c = 2$ より $c = 1$ となるので，下記の解を得る．

$$x(t) = t + \frac{1}{t}$$

(2) 定数変化法

式 (1.30) を解くための別の解法として，式 (1.30) から得られる同次方程式

$$\frac{dx(t)}{dt} + a(t)x(t) = 0 \tag{1.35}$$

の一般解を利用して，式 (1.30) の一般解を求める方法を考える．同次方程式 (1.35) は，これまでに学んだ変数分離型微分方程式としても，あるいは積分因子 $m(t) = e^{\int a(t)dt}$ を掛けても解くことができ，その一般解は

$$x(t) = ce^{-\int a(t)dt} \quad (c\text{ は任意定数}) \tag{1.36}$$

である．ここで，同次方程式の解 (1.36) に含まれる任意定数 c を関数 $c(t)$ に置き換えて得られる関数

$$x(t) = c(t)e^{-\int a(t)dt} \tag{1.37}$$

の形を解の候補として，式 (1.30) の一般解を解いてみる．

　いま，$z(t) = e^{-\int a(t)dt}$ とおいて，$x(t) = c(t)z(t)$ を式 (1.30) に代入し整理すると，

$$\frac{dc(t)}{dt}z(t) + c(t)\left(\frac{dz(t)}{dt} + a(t)z(t)\right) = f(t) \qquad (1.38)$$

となるが，$z(t)$ は式 (1.35) の解なので，$\dfrac{dz(t)}{dt} + a(t)z(t) = 0$ を満たすことから，

$$\frac{dc(t)}{dt}z(t) = f(t) \qquad (1.39)$$

となる．これが関数 $c(t)$ の満たすべき条件であり，両辺に $z^{-1}(t) = e^{\int a(t)dt}$ を掛けて積分すると，

$$c(t) = \int f(t)e^{\int a(t)dt}dt + d \quad (d \text{ は任意定数}) \qquad (1.40)$$

となる．これを式 (1.37) に代入すると，式 (1.30) の一般解として，以下を得る．

$$x(t) = e^{-\int a(t)dt}\left(\int f(t)e^{\int a(t)dt}dt + d\right) \qquad (1.41)$$

このように同次方程式 (1.35) の一般解 $x(t) = ce^{-\int a(t)dt}$ に含まれる任意定数 c を関数 $c(t)$ に置き換え，$c(t)$ の満たすべき微分方程式を解くことによって，微分方程式の一般解を得る方法を**定数変化法**という．

例題 1.6　定数変化法を用いて，例題 1.5(1) の一般解を求めよ．

解　まず，例題 1.5(1) の同次方程式の一般解を求める．この同次方程式は変数分離型微分方程式なので，

$$\frac{dx(t)}{dt} + tx(t) = 0 \quad \Leftrightarrow \quad \int \frac{1}{x}\,dx = -\int t\,dt$$

$$\Leftrightarrow \quad \log|x| = -\frac{1}{2}t^2 + c_0 \quad (c_0 \text{は任意定数}) \quad \Leftrightarrow \quad x(t) = \pm e^{-\frac{1}{2}t^2 + c_0}$$

より

$$x(t) = ce^{-\frac{1}{2}t^2} \quad (c \text{ は任意定数})$$

を得る．次に，この任意定数 c を t の関数 $c(t)$ に置き換えると，

$$x(t) = c(t)e^{-\frac{1}{2}t^2}$$

となる．これを例題 1.5(1) の微分方程式に代入すると，

$$\frac{dc(t)}{dt}e^{-\frac{1}{2}t^2} - c(t)te^{-\frac{1}{2}t^2} + c(t)e^{-\frac{1}{2}t^2}t = t$$

14 第1章 常微分方程式

となり，$c(t)$ を求める式

$$\frac{dc(t)}{dt} = e^{\frac{1}{2}t^2}t$$

を得る．そこで，両辺を積分することで，

$$c(t) = e^{\frac{1}{2}t^2} + d \quad (d \text{ は任意定数})$$

となるので，下記の一般解を得る．

$$x(t) = c(t)e^{-\frac{1}{2}t^2} = 1 + de^{-\frac{1}{2}t^2}$$

1.3　2階線形微分方程式と解法

2階微分方程式とは，次式で表されるように，未知関数 x のもっとも高い階数の導関数が2階導関数 $\dfrac{d^2x(t)}{dt^2}$ である微分方程式である．

$$\frac{d^2x(t)}{dt^2} = f\left(x, t, \frac{dx(t)}{dt}\right) \tag{1.42}$$

この中で，未知関数とその導関数の線形結合で表されるような2階線形微分方程式を表1.2に示す．本書では，(1) と (2) の微分方程式について，それらの解法を学ぶ[†]．

表1.2　2階線形微分方程式の種類

(1) 定数係数2階線形同次微分方程式	$\dfrac{d^2x(t)}{dt^2} + a\dfrac{dx(t)}{dt} + bx(t) = 0 \quad (a, b : \text{定数})$
(2) 定数係数2階線形非同次微分方程式	$\dfrac{d^2x(t)}{dt^2} + a\dfrac{dx(t)}{dt} + bx(t) = f(t) \quad (a, b : \text{定数})$
(3) 変数係数2階線形同次微分方程式	$\dfrac{d^2x(t)}{dt^2} + a(t)\dfrac{dx(t)}{dt} + b(t)x(t) = 0$
(4) 変数係数2階線形非同次微分方程式	$\dfrac{d^2x(t)}{dt^2} + a(t)\dfrac{dx(t)}{dt} + b(t)x(t) = f(t)$

1.3.1 ◆ 定数係数2階線形同次微分方程式

次のような微分方程式を定数係数線形2階線形同次方程式とよぶ．

$$\frac{d^2x(t)}{dt^2} + a\frac{dx(t)}{dt} + bx(t) = 0 \tag{1.43}$$

---

† 表1.2における (3) と (4) の微分方程式は，変数係数 $a(t)$ と $b(t)$ に対する限られた条件のもとでしか解くことはできないので，本書では割愛する．解くことができる例として，オイラーの微分方程式がある．

ここで，a, b は定数である．以降はこれを 2 階同次方程式とよぶ．

　まず，1 階同次方程式 (1.21) の解と同じ指数関数の解 $x(t) = e^{\lambda t}$ $(\lambda \neq 0)$ を解の候補として解の可能性を調べてみる．$x(t) = e^{\lambda t}$ を式 (1.43) に代入すると，

$$\frac{d^2}{dt^2}e^{\lambda t} + a\frac{d}{dt}e^{\lambda t} + be^{\lambda t} = 0 \quad より \quad (\lambda^2 + a\lambda + b)e^{\lambda t} = 0$$

となる．$e^{\lambda t} \neq 0$ なので，λ が 2 次方程式

$$\lambda^2 + a\lambda + b = 0 \tag{1.44}$$

の解であるとき，$x(t) = e^{\lambda t}$ は式 (1.43) の解となる．ここで，わざわざ $x(t) = e^{\lambda t}$ を式 (1.43) に代入して λ を求めるよりも，簡単な方法がある．その方法が**微分演算子法**である．以下でくわしく説明しよう．

　$\frac{d}{dt}$ は微分作用素とよばれるもので，これを $\frac{d}{dt} = P$ とおくと，$x(t)$ を t で微分することは $\frac{dx(t)}{dt} = Px(t)$，$\frac{d^2x(t)}{dt^2} = P^2x(t)$ と表される．これを用いると，式 (1.43) は次式となる．

$$P^2x(t) + aPx(t) + bx(t) = 0 \tag{1.45}$$

$$(P^2 + aP + b)x(t) = 0 \tag{1.46}$$

$H(P) = P^2 + aP + b = 0$ を式 (1.43) の**特性方程式** (characteristic equation) といい，その解 P を**特性根**という．

　特性方程式の解，つまり特性根を P_1，P_2 とすると，これらは判別式

$$D = a^2 - 4b$$

の符号によって以下の三つのタイプに分類される．

$$\begin{cases} \text{(i)} \quad D > 0 \text{ のとき} \quad P_1, P_2 \text{は異なる実数} \\ \text{(ii)} \quad D = 0 \text{ のとき} \quad P_1, P_2 \text{は実数で } P_1 = P_2 \text{ となる重解} \\ \text{(iii)} \quad D < 0 \text{ のとき} \quad P_1, P_2 \text{は共役複素数で } P_1 = p + iq, P_2 = p - iq \\ \qquad\qquad\qquad\qquad\quad (p, q \text{ は実数}, q > 0) \end{cases}$$

これらの分類に応じて，2 階同次方程式 (1.43) は解として

$$\begin{cases} \text{(i)} \quad D > 0 \text{ のとき} \quad x_1(t) = e^{P_1 t}, x_2(t) = e^{P_2 t} \\ \text{(ii)} \quad D = 0 \text{ のとき} \quad x_1(t) = e^{P_1 t}, x_2(t) = te^{P_2 t} \quad (P_1 = P_2) \\ \text{(iii)} \quad D < 0 \text{ のとき} \quad x_1(t) = e^{pt}\cos qt, x_2(t) = e^{pt}\sin qt \end{cases}$$

16　第 1 章　常微分方程式

をもつ．上記で得られた解 $x_1(t)$, $x_2(t)$ を 2 階同次方程式 (1.43) の**基本解** (fundamental solution) という．二つの基本解の線形結合

$$x(t) = c_1 x_1(t) + c_2 x_2(t) \tag{1.47}$$

を 2 階同次方程式 (1.43) の一般解といい，c_1, c_2 は任意定数なので，解は無数にある．三つのタイプごとに一般解をまとめると，

$$\begin{cases} \text{(i)} & D > 0 \text{ のとき} \quad x(t) = c_1 e^{P_1 t} + c_2 e^{P_2 t} \\ \text{(ii)} & D = 0 \text{ のとき} \quad x(t) = c_1 e^{P_1 t} + c_2 t e^{P_2 t} \quad (P_1 = P_2) \\ \text{(iii)} & D < 0 \text{ のとき} \quad x(t) = e^{pt}\left(c_1 \cos qt + c_2 \sin qt\right) \end{cases}$$

となり，これらは公式のように記憶しておくとよい．これらの導出過程は例題 1.7〜1.9 を通して理解してほしい．

さて，一般解に含まれる任意定数 c_1, c_2 は，与えられた定数 t_0, α_1, α_2 による以下の初期条件

$$x(t_0) = \alpha_1, \quad \frac{dx(t_0)}{dt} = \alpha_2 \tag{1.48}$$

から求めることができる．

例題 1.7　$x''(t) + 3x'(t) + 2x(t) = 0$ の一般解を求め，初期条件 $x(0) = 3, x'(0) = -4$ のもとで解を求めよ．

解　特性方程式は $H(P) = P^2 + 3P + 2 = (P + 1)(P + 2) = 0$ となり，特性根は $P = -1, -2$ となる．これより，微分方程式の基本解

$$x_1(t) = e^{-t}, \quad x_2(t) = e^{-2t}$$

が得られ，一般解は以下となる．

$$x(t) = c_1 e^{-t} + c_2 e^{-2t} \quad (c_1, c_2 \text{は任意定数})$$

ここで，初期条件から，

$$x(0) = c_1 + c_2 = 3, \quad x'(0) = -c_1 - 2c_2 = -4$$

となり，$c_1 = 2$, $c_2 = 1$ を得る．したがって，下記の解を得る．

$$x(t) = 2e^{-t} + e^{-2t}$$

1.3 2階線形微分方程式と解法 **17**

例題 1.8 $x''(t) + 4x'(t) + 13x(t) = 0$ の一般解を求め, 初期条件 $x(0) = 3, x'(0) = 0$ のもとで解を求めよ.

....

解 特性方程式は $H(P) = P^2 + 4P + 13 = (P + 2 + i3)(P + 2 - i3) = 0$ となり, 特性根は $P = -2 + i3, -2 - i3$ である. これより, 微分方程式の基本解は, 二つの複素数値関数

$$X_1(t) = e^{(-2+i3)t} = e^{-2t+i3t} = e^{-2t}(\cos 3t + i \sin 3t)$$
$$X_2(t) = e^{(-2-i3)t} = e^{-2t-i3t} = e^{-2t}(\cos 3t - i \sin 3t)$$

となることがわかる. さらに, これらの基本解の線形結合も解となることが知られている. そこで, 以下の線形結合を考えると,

$$x_1(t) = \frac{1}{2}(X_1(t) + X_2(t)) = e^{-2t}\cos 3t$$
$$x_2(t) = \frac{1}{i2}(X_1(t) - X_2(t)) = e^{-2t}\sin 3t$$

これらも解となるので, 二つの実数値関数の解が得られたことになる. これより, 一般解は次式となる.

$$x(t) = e^{-2t}(c_1 \cos 3t + c_2 \sin 3t) \quad (c_1, c_2 は任意定数)$$

ここで, 初期条件から,

$$x(0) = c_1 = 3, \quad x'(0) = -2c_1 + 3c_2 = 0$$

となり, $c_1 = 3$, $c_2 = 2$ を得る. したがって, 下記の解を得る.

$$x(t) = e^{-2t}(3\cos 3t + 2\sin 3t)$$

例題 1.9 $x''(t) + 4x'(t) + 4x(t) = 0$ の一般解を求め, 初期条件 $x(0) = 2, x'(0) = 5$ のもとで解を求めよ.

....

解 特性方程式は $H(P) = P^2 + 4P + 4 = (P + 2)^2 = 0$ となり, 特性根は $P = -2$ である. これより, 微分方程式の基本解

$$x_1(t) = e^{-2t}$$

が得られる. 例題 1.7, 1.8 ではいずれも二つの基本解が得られたので, この方程式でも第二の解を求めてみる. c を任意定数とするとき, $x(t) = cx_1(t) = ce^{-2t}$ も解であるから, 1 階線形微分方程式における定数変化法を思い出して, 定数 c を関数 $c(t)$ に置き換えた

$$x(t) = c(t)e^{-2t}$$

の形を解の候補として求めてみる．微分方程式に代入すると，

$$\frac{d^2}{dt^2}\left(c(t)e^{-2t}\right) + 4\frac{d}{dt}\left(c(t)e^{-2t}\right) + 4c(t)e^{-2t} = 0$$

より

$$c''(t)e^{-2t} = 0 \quad \text{すなわち} \quad c''(t) = 0$$

となるから，$c(t) = k_1 t + k_2$（k_1, k_2 は任意定数）となり，

$$x(t) = k_1 t e^{-2t} + k_2 e^{-2t}$$

を得る．右辺第2項の e^{-2t} はすでに求めた基本解であるので，右辺第1項の te^{-2t} が新しく見つけた基本解となる．よって，この微分方程式においても，二つの基本解

$$x_1(t) = e^{-2t}, \quad x_2(t) = te^{-2t}$$

が得られたことになる．したがって，一般解は次式で表される．

$$x(t) = c_1 e^{-2t} + c_2 t e^{-2t} \quad (c_1, c_2 \text{は任意定数})$$

ここで，初期条件から，

$$x(0) = c_1 = 2, \quad x'(0) = -2c_1 + c_2 = 5$$

となり，$c_1 = 2$, $c_2 = 9$ を得る．したがって，下記の解を得る．

$$x(t) = 2e^{-2t} + 9te^{-2t}$$

例題 1.10 図 1.2 に示すように，物体と水平面の摩擦が無視できる状態で，ばね定数 $k = 8\,\mathrm{N/m}$ のばねに付けられた質量 $m = 2\,\mathrm{kg}$ の物体の直線運動（単振動）を考える．平衡状態からの物体の変位を $x(t)[\mathrm{m}]$ とする．物体を $x = 0.5\,\mathrm{m}$ に移動し，ゆっくり手を離すときの変位 $x(t)$ を求めよ．

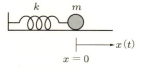

図 1.2 単振動

解 フックの法則により，物体には変位に比例した力が変位の方向と逆の向きにはたらくので，以下の運動方程式を得る．

$$m\frac{d^2x(t)}{dt^2} = -kx(t) \quad \Leftrightarrow \quad 2\frac{d^2x(t)}{dt^2} = -8x(t) \quad \Leftrightarrow \quad \frac{d^2x(t)}{dt^2} = -4x(t)$$

題意より，初期条件は $x(0) = 0.5$, $\dfrac{dx(0)}{dt} = 0$ となる．特性方程式は $H(P) = P^2 + 4 = 0$ なので，特性根は $P = \pm i2$ となる．よって，一般解は，

$$x(t) = c_1 \sin 2t + c_2 \cos 2t$$

となる．初期条件から，

$$x(0) = c_2 = 0.5, \quad \frac{dx(0)}{dt} = 2c_1 = 0$$

を得る．よって，$c_1 = 0$, $c_2 = 0.5$ より，物体の変位は以下となる．

$$x(t) = 0.5\cos 2t \ [\mathrm{m}]$$

例題 1.11 図 1.3 で表される質量 M のおもりが，ばね定数 K のばねと，減衰係数 D のダンパにつるされている．おもりを停止した状態から下に x_0 だけ引いて静かに手を離すと，おもりはどのような運動をするかを考える．まず，質量 $M = 1\,\mathrm{kg}$, ばね定数 $K = 2\,\mathrm{N/m}$, 減衰係数 $D = 2\,\mathrm{Ns/m}$, $x_0 = 0.5\,\mathrm{m}$ として，おもりの変位 $x(t)$ を求めよ．次に，減衰係数 D を $2\,\mathrm{Ns/m}$ から $3\,\mathrm{Ns/m}$ に変更して，おもりの変位 $x(t)$ を求めよ．

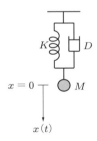

図 1.3 マスばねダンパ系

解 おもりが停止した状態からの下方向の変位を $x(t)$ としたときの運動方程式は，次式となる．

$$M\frac{d^2x(t)}{dt^2} + D\frac{dx(t)}{dt} + Kx(t) = 0, \quad x(0) = x_0, \quad \frac{dx(0)}{dt} = 0 \quad (1.49)$$

まず，質量 $M = 1\,\mathrm{kg}$, ばね定数 $K = 2\,\mathrm{N/m}$, 減衰係数 $D = 2\,\mathrm{Ns/m}$, $x_0 = 0.5\,\mathrm{m}$ とすると，運動方程式は以下となる．

$$\frac{d^2x(t)}{dt^2} + 2\frac{dx(t)}{dt} + 2x(t) = 0, \quad x(0) = 0.5, \quad \frac{dx(0)}{dt} = 0$$

20 第 1 章 常微分方程式

特性方程式は $H(P) = P^2 + 2P + 2 = 0$ なので，特性根は $P = -1 \pm i$ となる．よって，一般解は，

$$x(t) = e^{-t}\left(c_1 \sin t + c_2 \cos t\right)$$

となる．初期条件から

$$x(0) = c_2 = 0.5, \quad \frac{dx(0)}{dt} = -c_2 + c_1 = 0$$

となり，$c_1 = 0.5$，$c_2 = 0.5$ を得る．よって，おもりの変位は以下となる．

$$x(t) = 0.5e^{-t}(\sin t + \cos t) \ [\mathrm{m}] \tag{1.50}$$

次に，減衰係数を $D = 2\,\mathrm{Ns/m}$ から $D = 3\,\mathrm{Ns/m}$ に変更すると，運動方程式は以下となる．

$$\frac{d^2x(t)}{dt^2} + 3\frac{dx(t)}{dt} + 2x(t) = 0, \quad x(0) = 0.5, \quad \frac{dx(0)}{dt} = 0 \tag{1.51}$$

特性方程式は $H(P) = P^2 + 3P + 2 = 0$ なので，特性根は $P = -1, -2$ となる．よって，一般解は，

$$x(t) = c_1 e^{-t} + c_2 e^{-2t} \tag{1.52}$$

となる．初期条件から

$$x(0) = c_1 + c_2 = 0.5, \quad \frac{dx(0)}{dt} = -c_1 - 2c_2 = 0$$

となり，$c_1 = 1, c_2 = -0.5$ を得る．よって，おもりの変位は以下となる．

$$x(t) = e^{-t} - 0.5e^{-2t} \ [\mathrm{m}] \tag{1.53}$$

式 (1.50) と式 (1.53) を比較すると，ダンパは振動を抑えるはたらきがあるので，減衰係数が大きいほど，振動が抑えられていることがわかる．

1.3.2 ◆ 定数係数 2 階線形非同次微分方程式

次のような微分方程式を定数係数 2 階線形非同次微分方程式とよぶ．

$$\frac{d^2x(t)}{dt^2} + a\frac{dx(t)}{dt} + bx(t) = f(t) \tag{1.54}$$

ここで，a, b は定数である．以降はこれを 2 階非同次方程式とよぶ．

（1）解の構成

2 階非同次方程式の解の構成について考える．式 (1.54) を満たす一般解を $x(t)$ とし，その中の一つの解，すなわち特殊解を $x_p(t)$ とするとき，

$$\frac{d^2 x_p(t)}{dt^2} + a\frac{dx_p(t)}{dt} + bx_p(t) = f(t) \tag{1.55}$$

が成り立つから，二つの微分方程式 (1.54) と (1.55) の差を求めると，

$$\frac{d^2}{dt^2}\left(x(t) - x_p(t)\right) + a\frac{d}{dt}\left(x(t) - x_p(t)\right) + b\left(x(t) - x_p(t)\right) = 0 \tag{1.56}$$

となる．この式 (1.56) は前出の 2 階同次方程式 (1.43) の $x(t)$ を $x(t) - x_p(t)$ に置き換えたものなので，式 (1.56) の解は，その基本解を $x_1(t)$, $x_2(t)$ とするとき，

$$x(t) - x_p(t) = c_1 x_1(t) + c_2 x_2(t) \quad (c_1,\ c_2 は任意定数)$$

つまり，

$$x(t) = c_1 x_1(t) + c_2 x_2(t) + x_p(t) \tag{1.57}$$

となる．上式は，2 階非同次方程式 (1.54) の一般解 $x(t)$ は，2 階同次方程式 (1.43) の一般解 $x_h(t)$ と 2 階非同次方程式 (1.54) の特殊解 $x_p(t)$ の和であることを示す．これは，1.2.3 項で示した定数係数 1 階線形非同次微分方程式の解の構成と同じである．一般的に，階数にかかわらず，定数係数線形非同次微分方程式において以下が成り立つ．

[非同次方程式の一般解 $x(t)$]

= [同次方程式の一般解 $x_h(t)$] + [非同次方程式の特殊解 $x_p(t)$]

---

2 階非同次方程式 (1.54) を解くには，その同次方程式の一般解と一つの特殊解がわかればよい．同次方程式の一般解の解法はすでに学んだので，非同次方程式の特殊解の解法として，未定係数法と定数変化法を学ぶ．

(2)　未定係数法による特殊解の解法

特殊解としては，非同次項 $f(t)$ $(\neq 0)$ の関数に似た形が現れることが知られている．非同次項 $f(t)$ が多項式関数，三角関数，指数関数であるときには特殊解となる関数の形が特定でき，その係数だけを求めることによって特殊解が得られる．これが**未定係数法**である．

具体的に，非同次項 $f(t)$ が多項式関数，三角関数，指数関数であるとき，特殊解 $x_p(t)$ は以下に示す形で求められることが知られている．ここで，非同次方程式 (1.54) の非同次項 $f(t)$ の係数 α, β, d, ω は与えられた定数であり，非同次方程式 (1.54) の特殊解 $x_p(t)$ の係数 $k, l, \ldots, m$ は未定係数である．非同次項にあわせて特殊解の候補を以下のルールに従って決め，それを非同次方程式に代入し，解として満足するように未

22　第 1 章　常微分方程式

定係数を決めることで特殊解を得る.

---

① $f(t) = \alpha t^d + \beta t^{d-1} + \cdots$（$d$ 次多項式関数）の場合

$\begin{cases} 0\text{ が特性方程式の解でないとき} & x_p(t) = kt^d + lt^{d-1} + \cdots + m \\ 0\text{ が特性方程式の単解のとき} & x_p(t) = t(kt^d + lt^{d-1} + \cdots + m) \\ 0\text{ が特性方程式の重解のとき} & x_p(t) = t^2(kt^d + lt^{d-1} + \cdots + m) \end{cases}$

② $f(t) = \alpha \cos \omega t + \beta \sin \omega t$（三角関数）の場合

$\begin{cases} \pm i\omega \text{が特性方程式の解でないとき} & x_p(t) = k \cos \omega t + l \sin \omega t \\ \pm i\omega \text{が特性方程式の解のとき} & x_p(t) = t(k \cos \omega t + l \sin \omega t) \\ \pm i\omega \text{が特性方程式の重解のとき} & x_p(t) = t^2(k \cos \omega t + l \sin \omega t) \end{cases}$

③ $f(t) = \alpha e^{\beta t}$（指数関数）の場合

$\begin{cases} \beta \text{が特性方程式の解でないとき} & x_p(t) = ke^{\beta t} \\ \beta \text{が特性方程式の単解のとき} & x_p(t) = kte^{\beta t} \\ \beta \text{が特性方程式の重解のとき} & x_p(t) = kt^2 e^{\beta t} \end{cases}$

　本節で取り扱う特性方程式は実数係数の 2 次方程式なので，②において $\pm i\omega$ が特性方程式の重解にはならないが，高階の微分方程式も想定して記してあることに注意する．なお，$f(t) = \alpha$ のとき，$x_p(t) = k$ であることに注意する．また，$f(t)$ が多項式関数，三角関数，および指数関数の定数倍の和，すなわち線形結合であるとき，次に示す重ね合わせの原理を用いて一つの解を構成することができる．いま，非同次項だけが異なる二つの非同次方程式

$$\frac{d^2 x(t)}{dt^2} + a\frac{dx(t)}{dt} + bx(t) = f_1(t), \quad \frac{d^2 x(t)}{dt^2} + a\frac{dx(t)}{dt} + bx(t) = f_2(t)$$

の特殊解の一つがそれぞれ $x_{p1}(t)$，$x_{p2}(t)$ であるとする．このとき，定数 k_1，k_2 に対して，非同次方程式

$$\frac{d^2 x(t)}{dt^2} + a\frac{dx(t)}{dt} + bx(t) = k_1 f_1(t) + k_2 f_2(t) \tag{1.58}$$

の一つの特殊解は，$k_1 x_{p1}(t) + k_2 x_{p2}(t)$ である．

1.3 2階線形微分方程式と解法 **23**

例題 1.12 以下の微分方程式に未定係数法を適用して特殊解を求めよ.

(1) $x''(t) + 3x'(t) + 2x(t) = e^{-2t} + 1$　　(2) $x''(t) + 2x'(t) + 2x(t) = e^t + \sin t$

(3) $x''(t) + 4x(t) = \sin 2t + 4t^2$

....

解 (1) 特性方程式は $H(P) = P^2 + 3P + 2 = (P+1)(P+2) = 0$ なので, 特性根は -1, -2 である. そこで, 特性根の -2 と非同次項の指数関数のべき数の係数 -2 が一致するので, 特殊解の候補として,

$$x_p(t) = kte^{-2t} + l$$

とおき, 微分方程式が成り立つように未定係数 k, l を求めると, 下記の特殊解を得る.

$$x_p(t) = -te^{-2t} + \frac{1}{2}$$

(2) 特性方程式は $H(P) = P^2 + 2P + 2 = 0$ なので, 特性根は $-1 \pm i$ である. そこで, 特殊解の候補として,

$$x_p(t) = ke^t + l\sin t + m\cos t$$

とおき, 微分方程式が成り立つように未定係数 k, l, m を求めると, 下記の特殊解を得る.

$$x_p(t) = \frac{1}{5}e^t + \frac{1}{5}(\sin t - 2\cos t)$$

(3) 特性方程式は $H(P) = P^2 + 4 = (P+i2)(P-i2) = 0$ なので, 特性根は $\pm i2$ である. そこで, 特性根の 2 と非同次項 $\sin 2t$ に現れる 2 が一致するので, 特殊解の候補として,

$$x_p(t) = t(k\cos 2t + l\sin 2t) + mt^2 + nt + o$$

とおき, 微分方程式が成り立つように未定係数 k, l, m, n, o を求めると, 下記の特殊解を得る.

$$x_p(t) = -\frac{1}{4}t\cos 2t + t^2 - \frac{1}{2}$$

(3) 定数変化法による特殊解の解法

(2) の未定係数法では, 非同次項 $f(x)$ の関数形が限られていたが, 以下に示す**定数変化法**では, 非同次項 $f(t)$ が一般の関数である場合でも特殊解 $x_p(t)$ を求めることが可能である.

2階非同次方程式 (1.54) から得られる同次方程式

$$\frac{d^2x(t)}{dt^2} + a\frac{dx(t)}{dt} + bx(t) = 0 \tag{1.59}$$

24　第 1 章　常微分方程式

の基本解を $x_1(t)$, $x_2(t)$ とする．同次方程式の一般解 $x_h(t)$ は $c_1 x_1(t) + c_2 x_2(t)$ （c_1, c_2 は任意定数）と表される．ここで，定数 c_1, c_2 を t の関数 $c_1(t)$, $c_2(t)$ に置き換えて得られる関数

$$x_p(t) = c_1(t)x_1(t) + c_2(t)x_2(t) \tag{1.60}$$

を非同次方程式 (1.54) の特殊解の候補とし，式 (1.54) を満たすように $c_1(t)$, $c_2(t)$ を定めることによって，特殊解 $x_p(t)$ を求める．

式 (1.60) を微分すると，

$$x_p'(t) = c_1'(t)x_1(t) + c_1(t)x_1'(t) + c_2'(t)x_2(t) + c_2(t)x_2'(t) \tag{1.61}$$

となるが，ここで，

$$c_1'(t)x_1(t) + c_2'(t)x_2(t) = 0 \tag{1.62}$$

とおき，この条件を満たす関数 $c_1(t)$, $c_2(t)$ だけを考える．すると，

$$x_p'(t) = c_1(t)x_1'(t) + c_2(t)x_2'(t) \tag{1.63}$$

となり，さらに微分すると

$$x_p''(t) = c_1'(t)x_1'(t) + c_1(t)x_1''(t) + c_2'(t)x_2'(t) + c_2(t)x_2''(t) \tag{1.64}$$

となる．$x_1(t)$, $x_2(t)$ が同次方程式の解であることから，式 (1.60), (1.63), (1.64) を式 (1.54) の左辺に代入すると，

$$\begin{aligned}
x_p''(t) + ax_p'(t) + bx_p(t) &= (c_1'x_1' + c_2'x_2' + c_1x_1'' + c_2x_2'') + a(c_1x_1' + c_2x_2') \\
&\quad + b(c_1x_1 + c_2x_2) \\
&= c_1'x_1' + c_2'x_2' + c_1(x_1'' + ax_1' + bx_1) + c_2(x_2'' + ax_2' + bx_2) \\
&= c_1'x_1' + c_2'x_2'
\end{aligned} \tag{1.65}$$

となるので，解の候補 $x_p(t)$ が式 (1.54) の特殊解となるための条件は

$$c_1'(t)x_1'(t) + c_2'(t)x_2'(t) = f(t) \tag{1.66}$$

である．以上のように，式 (1.62) の条件を導入することにより，条件から未知関数 $c_1(t)$, $c_2(t)$ が消去され，$c_1'(t)$, $c_2'(t)$ の二つが未知関数となる．これにより，二つの未知関数に対する二つの条件が導き出されたことになる．

式 (1.62) と式 (1.66) の 2 式は，$c_1'(t)$, $c_2'(t)$ についての連立方程式

$$
\begin{bmatrix} x_1(t) & x_2(t) \\ x_1'(t) & x_2'(t) \end{bmatrix} \begin{bmatrix} c_1'(t) \\ c_2'(t) \end{bmatrix} = \begin{bmatrix} 0 \\ f(t) \end{bmatrix} \tag{1.67}
$$

と表される. ここで, 係数行列の行列式[†1]

$$
W(x_1, x_2)(t) = \begin{vmatrix} x_1(t) & x_2(t) \\ x_1'(t) & x_2'(t) \end{vmatrix} = x_1(t)x_2'(t) - x_2(t)x_1'(t) \tag{1.68}
$$

を**ロンスキー行列式** (Wronski determinant) という. 式 (1.68) は $x_1(t)$, $x_2(t)$ が基本解で 1 次独立[†2]であることから 0 にはならない. よって, 係数行列は逆行列をもち, それを両辺に左から掛けることによって, $c_1'(t)$, $c_2'(t)$ が得られる. 具体的には,

$$
\begin{bmatrix} c_1'(t) \\ c_2'(t) \end{bmatrix} = \frac{1}{W(x_1, x_2)(t)} \begin{bmatrix} x_2'(t) & -x_2(t) \\ -x_1'(t) & x_1(t) \end{bmatrix} \begin{bmatrix} 0 \\ f(t) \end{bmatrix} \tag{1.69}
$$

より,

$$
c_1'(t) = \frac{-x_2(t)f(t)}{W(x_1, x_2)(t)}, \quad c_2'(t) = \frac{x_1(t)f(t)}{W(x_1, x_2)(t)} \tag{1.70}
$$

である. これらを積分すると, $c_1(t)$, $c_2(t)$ が求められる. これを式 (1.60) に代入すると,

$$
x_p(t) = -x_1(t) \int \frac{x_2(t)f(t)}{W(x_1, x_2)(t)} dt + x_2(t) \int \frac{x_1(t)f(t)}{W(x_1, x_2)(t)} dt \tag{1.71}
$$

を得る. これにより, 非同次方程式 (1.54) の一般解は

$$
\begin{aligned}
x(t) &= x_h(t) + x_p(t) \\
&= c_1 x_1(t) + c_2 x_2(t) - x_1(t) \int \frac{x_2(t)f(t)}{W(x_1, x_2)(t)} dt + x_2(t) \int \frac{x_1(t)f(t)}{W(x_1, x_2)(t)} dt
\end{aligned}
$$

で与えられる.

[†1]　行列式については付録 A.2 節参照.
[†2]　$c_1 x_1(t) + c_2 x_2(t) = 0$ がすべての t において成り立つためには, $c_1 = c_2 = 0$ でなければならないとき, $x_1(t)$, $x_2(t)$ は 1 次独立であるという. 1 次独立でない場合を 1 次従属という.

例題 1.13 例題 1.12(1) に対し，定数変化法を用いて特殊解を求めよ．

解 例題 1.12(1) の同次方程式の基本解を $u_1(t) = e^{-t}$, $u_2(t) = e^{-2t}$ とおく．これらを式 (1.68) に代入すると，$W(u_1(t), u_2(t)) = -e^{-3t} (\neq 0)$ となる．これらと $f(t) = e^{-2t} + 1$ を式 (1.71) に代入すると，

$$x_p(t) = -e^{-t} \int \frac{e^{-2t}(e^{-2t}+1)}{-e^{-3t}} dt + e^{-2t} \int \frac{e^{-t}(e^{-2t}+1)}{-e^{-3t}} dt = -te^{-2t} + \frac{1}{2} - e^{-2t}$$

となる．ただし，右辺第 3 項 $-e^{-2t}$ は，基本解の定数倍であり，同次方程式の一般解に含まれるので，下記の特殊解を得る．

$$x_p(t) = -te^{-2t} + \frac{1}{2}$$

例題 1.14 図 1.4 で表される抵抗 R とコイル L とコンデンサ C の直列回路について，その電源が家庭で用いられている単相交流であるとし，時刻 $t = 0$ で交流電圧 $E\sin\omega t$ を印加したときの回路に流れる電流 $i(t)$ の時間変化を考える．時刻 $t = 0$ では電流は流れておらず，コンデンサには電荷 $q(t)$ がなく，$\frac{q(t)}{C} = v_c(t)$ で表されるコンデンサの両端電圧もゼロであるとする．

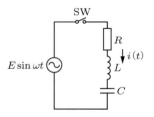

図 1.4 RLC 直列回路（交流電源の場合）

ここで，電気抵抗 $R = 3\,\Omega$，インダクタンス $L = 1\,\text{H}$，静電容量 $C = 0.5\,F$，交流電圧の振幅 $E = 10\,\text{V}$，角周波数 $\omega = 1\,\text{rad/s}$ として，電流 $i(t)\,[\text{A}]$ を求めよ．

解 印加電圧 $E\sin\omega t$ は，抵抗 R，コイル L，コンデンサ C の電圧の和として与えられるので，電圧方程式は次式で表される．

$$Ri(t) + L\frac{di(t)}{dt} + \frac{1}{C}\int i(t)dt = E\sin\omega t$$

初期条件は，

$$i(0) = 0, \quad \int_{-\infty}^{0} i(t)dt = q(0) = 0$$

と表される．$i(t) = \frac{dq(t)}{dt}$ より，もとの電圧方程式をコンデンサの電荷 $q(t)$ に関する式に

変換すると，

$$L\frac{d^2q(t)}{dt^2} + R\frac{dq(t)}{dt} + \frac{1}{C}q(t) = E\sin\omega t, \quad \frac{dq(0)}{dt} = 0, \quad q(0) = 0 \quad (1.72)$$

となり，物理パラメータの数値を代入すると以下となる．

$$\frac{d^2q(t)}{dt^2} + 3\frac{dq(t)}{dt} + 2q(t) = 10\sin t, \quad \frac{dq(0)}{dt} = 0, \quad q(0) = 0 \quad (1.73)$$

特性方程式は $H(P) = P^2 + 3P + 2 = 0$ より，特性根は $P = -1, -2$ となる．同次方程式の一般解 $q_h(t)$ は，

$$q_h(t) = c_1 e^{-t} + c_2 e^{-2t} \quad (1.74)$$

となる．一方，非同次方程式の特殊解 $q_p(t)$ の候補として，

$$q_p(t) = k\sin t + l\cos t \quad (1.75)$$

のとき，微分方程式 (1.73) が成り立つように未定係数 k と l を求めると，$k = 1$，$l = -3$ となるので，特殊解は

$$q_p(t) = \sin t - 3\cos t$$

となる．これより，非同次方程式の一般解 $q(t)$ は，

$$q(t) = q_h(t) + q_p(t) = c_1 e^{-t} + c_2 e^{-2t} + \sin t - 3\cos t$$

となる．初期条件から，

$$q(0) = c_1 + c_2 - 3 = 0, \quad \frac{dq(0)}{dt} = -c_1 - 2c_2 + 1 = 0$$

となるので，$c_1 = 5$，$c_2 = -2$ より，コンデンサ電荷は，

$$q(t) = 5e^{-t} - 2e^{-2t} + \sin t - 3\cos t$$

となり，電流は以下となる．

$$i(t) = \frac{dq(t)}{dt} = -5e^{-t} + 4e^{-2t} + \cos t + 3\sin t \text{ [A]}$$

ここで，時間が十分経過した状態について考えてみよう．右辺第 1 項と第 2 項は時間経過とともに減少し 0 になる．右辺第 3 項と第 4 項をあわせて $\bar{i}(t)$ とすると，

$$\bar{i}(t) = \sqrt{10}\sin\left(t + \tan^{-1}\frac{1}{3}\right)$$

となる．これは，電源の交流電圧 $10\sin t$ に比べて電流 $\bar{i}(t)$ の位相が $\tan^{-1}\dfrac{1}{3}$ だけ進むことを意味する．

28 第1章 常微分方程式

　電気回路で扱った式 (1.73) の微分方程式の左辺と，マスばねダンパ系で扱った式 (1.51) の微分方程式の左辺が同じ形であることは興味深い．このことは両式の特性方程式が同じであることを意味し，その結果，式 (1.74) の右辺と式 (1.52) の右辺が同じとなっている．物理パラメータを代入する前の式 (1.72) と式 (1.49) を比較すると，電荷 $q(t)$ と変位 $x(t)$，電気抵抗 R とダンパの減衰係数 D，コイルのインダクタンス L と質量 M，コンデンサの静電容量の逆数 $1/C$ とばねのばね定数 K が対応していることがわかる．このような対応を電気系と機械系の**アナロジー**（相似性）とよび，表 1.3 にまとめる．

表 1.3　電気系と機械系のアナロジー

電気系	機械系
電圧 E	力 F
電荷 $q(t)$	変位 $x(t)$
電流 $i(t)(= dq(t)/dt)$	速度 $v(t)(= dx(t)/dt)$
インダクタンス L	質量 M
電気抵抗 R	減衰係数 D
静電容量の逆数 $1/C$	ばね定数 K
静電容量 C	ばね定数の逆数 $1/K$

（注）ばね定数の逆数を機械的コンプライアンスともよぶ．

1.4　定数係数高階線形微分方程式と解法

　定数係数 2 階線形微分方程式の解法を振り返りながら，定数係数高階線形微分方程式の解法を調べよう．定数係数 n 階線形微分方程式は，

$$\frac{d^n x(t)}{dt^n} + a_1 \frac{d^{n-1}x(t)}{dt^{n-1}} + \cdots + a_{n-1}\frac{dx(t)}{dt} + a_n x(t) = f(t) \qquad (1.76)$$

として表される．これは，非同次方程式である．

　n 階の場合でも，式 (1.76) の一般解は，その同次方程式の一般解と非同次方程式の特殊解の和として表される．そこで，特殊解は，2 階非同次方程式と同様に，未定係数法で求めることができる．一方，式 (1.76) の n 階同次方程式

$$\frac{d^n x(t)}{dt^n} + a_1 \frac{d^{n-1}x(t)}{dt^{n-1}} + \cdots + a_{n-1}\frac{dx(t)}{dt} + a_n x(t) = 0 \qquad (1.77)$$

の一般解についても，2 階同次方程式と同様に求めることができる．式 (1.77) に対する特性方程式 $H(P)$ は，P の n 次方程式として

$$H(P) = P^n + a_1 P^{n-1} + \cdots + a_{n-1}P + a_n = 0 \qquad (1.78)$$

1.4 定数係数高階線形微分方程式と解法　**29**

となり，これを解くことで特性根を得る．一般に n 次方程式は，重複度 k の解の個数を k 個として数えることにすると，n 個の解をもつことから，特性方程式 (1.78) も n 個の解をもつ．これは，n 階同次方程式 (1.77) は n 個の特性根をもつことを意味する．この特性根に対応して，n 階同次方程式 (1.77) は以下の基本解をもつことが知られている．

実数 α が重複度 l の特性根であるとき，l 個の解

$$e^{\alpha t},\ te^{\alpha t},\ \ldots,\ t^{l-1}e^{\alpha t} \tag{1.79}$$

をもち，また，虚数 $p \pm iq$ が重複度 m の特性根であるとき，$2m$ 個の解

$$\begin{cases} e^{pt}\cos qt,\ te^{pt}\cos qt,\ \ldots,\ t^{m-1}e^{pt}\cos qt \\ e^{pt}\sin qt,\ te^{pt}\sin qt,\ \ldots,\ t^{m-1}e^{pt}\sin qt \end{cases} \tag{1.80}$$

をもつ．

このように特性根に対応させて得られる n 個の基本解も 1 次独立である．よって，$x_1(t),\ x_2(t),\ \ldots,\ x_n(t)$ を n 階同次方程式 (1.77) の基本解とするとき，これらの定数倍の和，すなわち線形結合で表される関数

$$x(t) = c_1 x_1(t) + c_2 x_2(t) + \cdots + c_n x_n(t) \quad (c_1, c_2, \ldots, c_n は任意定数) \tag{1.81}$$

が n 階同次方程式 (1.77) の一般解となる．

例題 1.15　11 階同次方程式の特性方程式 $H(P)$ が以下で表されるとき，その一般解を求めよ．

$$H(P) = P^2(P+1)^2(P+2)(P^2+4)(P^2+9)^2 = 0$$

··

解　特性方程式 $H(P)$ の特性根は $P = 0$ の重根，$P = -1$ の重根，$P = -2$，$P = \pm i2$，$P = \pm i3$ の重根からなる．これより一般解 $x_p(t)$ は，

$$\begin{aligned} x_p(t) = {} & c_1 + c_2 t + c_3 e^{-t} + c_4 t e^{-t} + c_5 e^{-2t} \\ & + c_6 \sin 2t + c_7 \cos 2t + c_8 \sin 3t + c_9 \cos 3t \\ & + c_{10} t \sin 3t + c_{11} t \cos 3t \quad (c_1, c_2, \ldots, c_{11} は任意定数) \end{aligned}$$

となる．

30 第1章 常微分方程式

1.5 1階連立線形微分方程式と解法

　複雑な電気回路や，たとえばロボットのような複雑な機械システムの動きは，多くの未知関数によって表されることから，**連立微分方程式**として表される．本節では，未知関数が二つの場合の定数係数1階連立線形微分方程式の解法を学ぶ．

1.5.1◆定数係数1階連立線形微分方程式

　定数係数1階連立線形微分方程式とは，未知関数が複数個あり，それと同じ数の定数係数1階線形微分方程式からなる連立微分方程式である．これ以降，定数係数1階連立線形微分方程式を連立微分方程式という．具体的には，

$$
\begin{cases}
x_1'(t) = a_{11}x_1(t) + a_{12}x_2(t) + \cdots + a_{1n}x_n(t) + f_1(t) \\
x_2'(t) = a_{21}x_1(t) + a_{22}x_2(t) + \cdots + a_{2n}x_n(t) + f_2(t) \\
\quad\vdots \\
x_n'(t) = a_{n1}x_1(t) + a_{n2}x_2(t) + \cdots + a_{nn}x_n(t) + f_n(t)
\end{cases}
\tag{1.82}
$$

と表される．ここで，係数 a_{ij} $(i = 1, \ldots, n, j = 1, \ldots, n)$ は定数であり，$f_i(t)$ $(i = 1, \ldots, n)$ は与えられた関数である．n 次正方行列 $\boldsymbol{A}$ と n 次ベクトル関数 $\boldsymbol{x}(t)$，$\boldsymbol{f}(t)$ を

$$
\boldsymbol{A} = \begin{bmatrix} a_{11} & a_{12} & \ldots & a_{1n} \\ a_{21} & a_{22} & \ldots & a_{2n} \\ \vdots & \vdots & \ddots & \vdots \\ a_{n1} & a_{n2} & \ldots & a_{nn} \end{bmatrix}, \quad
\boldsymbol{x}(t) = \begin{bmatrix} x_1(t) \\ x_2(t) \\ \vdots \\ x_n(t) \end{bmatrix}, \quad
\boldsymbol{f}(t) = \begin{bmatrix} f_1(t) \\ f_2(t) \\ \vdots \\ f_n(t) \end{bmatrix}
$$

と定めると，連立微分方程式 (1.82) は，

$$
\frac{d\boldsymbol{x}(t)}{dt} = \boldsymbol{A}\boldsymbol{x}(t) + \boldsymbol{f}(t)
\tag{1.83}
$$

と表すことができる．式 (1.83) において，一つの微分方程式の場合と同様に，$\boldsymbol{f}(t) \neq \boldsymbol{0}$ のとき非同次方程式といい，$\boldsymbol{f}(t) = \boldsymbol{0}$ のとき同次方程式という．

　以後，簡単のために $n = 2$ の場合に限って扱うことにする．この場合，式 (1.82) は

$$
\begin{cases}
x_1'(t) = a_{11}x_1(t) + a_{12}x_2(t) + f_1(t) \\
x_2'(t) = a_{21}x_1(t) + a_{22}x_2(t) + f_2(t)
\end{cases}
\tag{1.84}
$$

となる．ここで，

$$\boldsymbol{A} = \left[\begin{array}{cc} a_{11} & a_{12} \\ a_{21} & a_{22} \end{array} \right], \quad \boldsymbol{x}(t) = \left[\begin{array}{c} x_1(t) \\ x_2(t) \end{array} \right], \quad \boldsymbol{f}(t) = \left[\begin{array}{c} f_1(t) \\ f_2(t) \end{array} \right]$$

とおくと，式 (1.84) も式 (1.83) として表される．

1.5.2 ◆ 行列の対角化による解法

連立微分方程式の解法として，行列の対角化[†] による解法を学ぶ．行列 $\boldsymbol{A}$ が対角化可能として，連立微分方程式 (1.84) は変数変換によって，単独の未知関数に関する二つの 1 階微分方程式に分解できることを示す．そのために，$\boldsymbol{T}$ は行列 $\boldsymbol{A}$ を対角化する変換行列とし，$\boldsymbol{x}(t)$ の代わりに変換行列 $\boldsymbol{T}$ を用いて，新しい未知関数 $z_1(t)$, $z_2(t)$ を

$$\left[\begin{array}{c} z_1(t) \\ z_2(t) \end{array} \right] = \boldsymbol{T}^{-1} \left[\begin{array}{c} x_1(t) \\ x_2(t) \end{array} \right] \quad \text{つまり}$$

$$\boldsymbol{x}(t) = \left[\begin{array}{c} x_1(t) \\ x_2(t) \end{array} \right] = \boldsymbol{T} \left[\begin{array}{c} z_1(t) \\ z_2(t) \end{array} \right]$$

によって定める．このとき，$\boldsymbol{z}(t) = \left[\begin{array}{c} z_1(t) \\ z_2(t) \end{array} \right]$ とおくと，

$$\frac{d\boldsymbol{x}(t)}{dt} = \boldsymbol{T} \frac{d\boldsymbol{z}(t)}{dt} \tag{1.85}$$

であるから，式 (1.84) を $z_1(t)$, $z_2(t)$ の方程式に変換すると，

$$\boldsymbol{T} \frac{d\boldsymbol{z}(t)}{dt} = \boldsymbol{A}\boldsymbol{T}\boldsymbol{z}(t) + \boldsymbol{f}(t) \tag{1.86}$$

となり，この両辺に左から $\boldsymbol{T}$ の逆行列を掛けると，

$$\frac{d\boldsymbol{z}(t)}{dt} = \boldsymbol{T}^{-1}\boldsymbol{A}\boldsymbol{T}\boldsymbol{z}(t) + \boldsymbol{T}^{-1}\boldsymbol{f}(t) \tag{1.87}$$

となる．ここで，$\boldsymbol{A}$ の固有値を λ_1, λ_2 とすると，$\boldsymbol{T}^{-1}\boldsymbol{A}\boldsymbol{T} = \left[\begin{array}{cc} \lambda_1 & 0 \\ 0 & \lambda_2 \end{array} \right]$ であり，

$\boldsymbol{T}^{-1}\boldsymbol{f}(t) = \left[\begin{array}{c} g_1(t) \\ g_2(t) \end{array} \right]$ とおくと，式 (1.87) は

$$\left\{ \begin{array}{l} \dfrac{dz_1(t)}{dt} = \lambda_1 z_1(t) + g_1(t) \\[2mm] \dfrac{dz_2(t)}{dt} = \lambda_2 z_2(t) + g_2(t) \end{array} \right. \tag{1.88}$$

[†] 行列の対角化については付録 A.2 節参照．

32 第 1 章 常微分方程式

となる．ここで，$f_1(t)$, $f_2(t)$ は与えられた関数であるから，$g_1(t)$, $g_2(t)$ は既知の関数であり，式 (1.88) の第 1 式，第 2 式はそれぞれ $z_1(t)$, $z_2(t)$ についての単独の 1 階微分方程式である．したがって，$z_1(t)$, $z_2(t)$ を求めることができ，さらに $\boldsymbol{x}(t) = \boldsymbol{T}\boldsymbol{z}(t)$ により式 (1.84) の解 $x_1(t)$, $x_2(t)$ が求められることになる．また，初期値問題においても $x_1(t)$, $x_2(t)$ の初期条件と $\boldsymbol{z}(t) = \boldsymbol{T}^{-1}\boldsymbol{x}(t)$ の関係から，$z_1(t)$, $z_2(t)$ の初期条件が得られることに注意する．

2 階線形微分方程式の別解として，連立微分方程式に帰着させる解法がある．そこで，以下の 2 階線形微分方程式を連立微分方程式に変換する．

$$\frac{d^2 x(t)}{dt^2} + a\frac{dx(t)}{dt} + bx(t) = f(t) \tag{1.89}$$

まず，以下の変数変換

$$x_1(t) = x(t), \quad x_2(t) = \frac{dx(t)}{dt} \tag{1.90}$$

を行うと，$\dfrac{dx_2(t)}{dt} = \dfrac{d^2 x(t)}{dt^2}$ なので，式 (1.89) は

$$\begin{cases} \dfrac{dx_1}{dt}(t) = x_2(t) \\ \dfrac{dx_2}{dt}(t) = -bx_1(t) - ax_2(t) + f(t) \end{cases} \tag{1.91}$$

と書きなおすことができる．また，これを式 (1.83) の形で表すと，

$$\frac{d}{dt}\begin{bmatrix} x_1(t) \\ x_2(t) \end{bmatrix} = \begin{bmatrix} 0 & 1 \\ -b & -a \end{bmatrix}\begin{bmatrix} x_1(t) \\ x_2(t) \end{bmatrix} + \begin{bmatrix} 0 \\ f(t) \end{bmatrix} \tag{1.92}$$

となる．このように，1 個の未知関数に関する 2 階線形微分方程式を，2 個の未知関数に関する連立微分方程式に変換することで，上記の解法を用いることが可能となる．

例題 1.16 図 1.5 に示す回路で，スイッチ SW オン後の電流 $i_1(t)$, $i_2(t)$ を求めよ．ただし，コンデンサ C に蓄えられる電荷を $q_2(t)$ とし，初期条件は $i_1(0) = i_2(0) = 0$, $q_2(0) = 0$ とする．電気抵抗 $R = 0.8\,\Omega$，コイルのインダクタンス $L = 1\,\mathrm{H}$，コンデンサの静電容量 $C = 0.25\,\mathrm{F}$，直流電源 $E = 1\,\mathrm{V}$ とする．

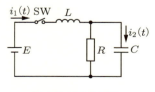

図 1.5 RLC 回路

1.5　1階連立線形微分方程式と解法　　**33**

解　R を流れる電流は $i_1(t) - i_2(t)$ であることに注意して，左半分と左半分の電気回路を考えると，それぞれ以下の電圧方程式を得る．

$$\begin{cases} L\dfrac{di_1(t)}{dt} + R(i_1(t) - i_2(t)) = E \\[2mm] R(i_1(t) - i_2(t)) = \dfrac{1}{C}\displaystyle\int i_2(t)dt \end{cases} \tag{1.93}$$

ここで，$i_2(t) = \dfrac{dq_2(t)}{dt}$ とおくと，

$$\begin{cases} L\dfrac{di_1(t)}{dt} + Ri_1(t) - R\dfrac{dq_2(t)}{dt} = E & \tag{1.94a} \\[3mm] Ri_1(t) - R\dfrac{dq_2(t)}{dt} = \dfrac{1}{C}q_2(t) & \tag{1.94b} \end{cases}$$

$$i_1(0) = 0, \quad i_2(0) = \frac{dq_2(0)}{dt} = 0, \quad q_2(0) = 0$$

を得て，これを行列表示すると，

$$\boldsymbol{B}\frac{d\boldsymbol{x}(t)}{dt} + \boldsymbol{C}\boldsymbol{x}(t) = \boldsymbol{g}(t) \tag{1.95}$$

となる．ただし，

$$\boldsymbol{x}(t) = \left[\begin{array}{c} x_1(t) \\ x_2(t) \end{array}\right] = \left[\begin{array}{c} i_1(t) \\ q_2(t) \end{array}\right], \quad \boldsymbol{x}(0) = \left[\begin{array}{c} x_1(0) \\ x_2(0) \end{array}\right] = \left[\begin{array}{c} i_1(0) \\ q_2(0) \end{array}\right] = \left[\begin{array}{c} 0 \\ 0 \end{array}\right] \tag{1.96}$$

$$\boldsymbol{B} = \left[\begin{array}{cc} L & -R \\ 0 & R \end{array}\right], \quad \boldsymbol{C} = \left[\begin{array}{cc} R & 0 \\ -R & \dfrac{1}{C} \end{array}\right], \quad \boldsymbol{g}(t) = \left[\begin{array}{c} E \\ 0 \end{array}\right] \tag{1.97}$$

とする．ここで，式 (1.95) の両辺の左から $\boldsymbol{B}$ の逆行列を掛けると，

$$\frac{d\boldsymbol{x}(t)}{dt} = -\boldsymbol{B}^{-1}\boldsymbol{C}\boldsymbol{x}(t) + \boldsymbol{B}^{-1}\boldsymbol{g}(t) \tag{1.98}$$

となり，式 (1.98) は $\boldsymbol{A} = -\boldsymbol{B}^{-1}\boldsymbol{C}$，$\boldsymbol{f}(t) = \boldsymbol{B}^{-1}\boldsymbol{g}(t)$ とおけば，式 (1.83) として表される．

ここで，物理パラメータに数値を代入する．

$$\frac{d\boldsymbol{x}(t)}{dt} = \left[\begin{array}{cc} 0 & -4 \\ 1 & -5 \end{array}\right]\boldsymbol{x}(t) + \left[\begin{array}{c} 1 \\ 0 \end{array}\right] \tag{1.99}$$

$$\boldsymbol{x}(t) = \boldsymbol{T}\boldsymbol{z}(t), \quad \boldsymbol{z}(t) = \left[\begin{array}{c} z_1(t) \\ z_2(t) \end{array}\right] \tag{1.100}$$

式 (1.99) の右辺の係数行列 $\boldsymbol{A}$ の固有値と固有ベクトルを求めると，固有値 $\lambda_1 = -1$ に対

34 第 1 章 常微分方程式

する固有ベクトルは $\boldsymbol{v}_1 = \begin{bmatrix} 4 \\ 1 \end{bmatrix}$, 固有値 $\lambda_2 = -4$ に対する固有ベクトルは $\boldsymbol{v}_2 = \begin{bmatrix} 1 \\ 1 \end{bmatrix}$

となる. これより, 対角化変換行列 $\boldsymbol{T}$ とその逆行列 $\boldsymbol{T}^{-1}$ は,

$$
\boldsymbol{T} = \begin{bmatrix} 4 & 1 \\ 1 & 1 \end{bmatrix}, \quad \boldsymbol{T}^{-1} = \begin{bmatrix} \dfrac{1}{3} & -\dfrac{1}{3} \\ -\dfrac{1}{3} & \dfrac{4}{3} \end{bmatrix}
$$

となる. これを用いると,

$$
\begin{aligned}
\frac{d\boldsymbol{z}(t)}{dt} &= \boldsymbol{T}^{-1}\boldsymbol{A}\boldsymbol{T}\boldsymbol{z}(t) + \boldsymbol{T}^{-1}\boldsymbol{f}(t) \\
&= \begin{bmatrix} \dfrac{1}{3} & -\dfrac{1}{3} \\ -\dfrac{1}{3} & \dfrac{4}{3} \end{bmatrix} \begin{bmatrix} 0 & -4 \\ 1 & -5 \end{bmatrix} \begin{bmatrix} 4 & 1 \\ 1 & 1 \end{bmatrix} \begin{bmatrix} z_1(t) \\ z_2(t) \end{bmatrix} + \begin{bmatrix} \dfrac{1}{3} & -\dfrac{1}{3} \\ -\dfrac{1}{3} & \dfrac{4}{3} \end{bmatrix} \begin{bmatrix} 1 \\ 0 \end{bmatrix} \\
&= \begin{bmatrix} -1 & 0 \\ 0 & -4 \end{bmatrix} \begin{bmatrix} z_1(t) \\ z_2(t) \end{bmatrix} + \begin{bmatrix} \dfrac{1}{3} \\ -\dfrac{1}{3} \end{bmatrix}
\end{aligned} \tag{1.101}
$$

となる. 初期値は,

$$
\boldsymbol{z}(0) = \boldsymbol{T}^{-1}\boldsymbol{x}(0) = \begin{bmatrix} \dfrac{1}{3} & -\dfrac{1}{3} \\ -\dfrac{1}{3} & \dfrac{4}{3} \end{bmatrix} \begin{bmatrix} 0 \\ 0 \end{bmatrix} = \begin{bmatrix} 0 \\ 0 \end{bmatrix}
$$

となる. これより, 式 (1.101) は以下の二つの 1 階微分方程式になる.

$$
\begin{aligned}
\frac{z_1(t)}{dt} &= -z_1(t) + \frac{1}{3}, \quad z_1(0) = 0, \\
\frac{z_2(t)}{dt} &= -4z_2(t) - \frac{1}{3}, \quad z_2(0) = 0
\end{aligned}
$$

これを解くと,

$$
z_1(t) = \frac{1}{3}(1 - e^{-t}), \quad z_2(t) = \frac{1}{12}(-1 + e^{-4t})
$$

となる. $\boldsymbol{x}(t) = \boldsymbol{T}\boldsymbol{z}(t)$ より,

$$
\begin{bmatrix} x_1(t) \\ x_2(t) \end{bmatrix} = \begin{bmatrix} 4 & 1 \\ 1 & 1 \end{bmatrix} \begin{bmatrix} \dfrac{1}{3}(1 - e^{-t}) \\ \dfrac{1}{12}(-1 + e^{-4t}) \end{bmatrix}
$$

となるから,

$$
x_1(t) = i_1(t) = \frac{5}{4} - \frac{4}{3}e^{-t} + \frac{1}{12}e^{-4t} \ [\mathrm{A}], \quad x_2(t) = q_2(t) = \frac{1}{4} - \frac{1}{3}e^{-t} + \frac{1}{12}e^{-4t}
$$

が得られる．また，

$$i_2(t) = \frac{dq_2(t)}{dt} = \frac{1}{3}e^{-t} - \frac{1}{3}e^{-4t} \text{ [A]}$$

を得る．

別解 行列の対角化による解法を用いることなく簡単に解く方法もある．式 (1.94b) から $i_1(t)$ を求めると，

$$i_1(t) = \frac{dq_2(t)}{dt} + \frac{1}{RC}q_2(t) \tag{1.102}$$

となり，これを式 (1.94a) に代入すると，

$$L\frac{d^2q_2(t)}{dt^2} + \frac{L}{RC}\frac{dq_2(t)}{dt} + \frac{1}{C}q_2(t) = E \tag{1.103}$$

となり，$q_2(t)$ だけの微分方程式になる．ここで，物理パラメータに数値を代入すると，

$$\frac{d^2q_2(t)}{dt^2} + 5\frac{dq_2(t)}{dt} + 4q_2(t) = 1$$

となり，これを解くと，

$$q_2(t) = \frac{1}{4} - \frac{1}{3}e^{-t} + \frac{1}{12}e^{-4t} \tag{1.104}$$

となり，式 (1.102) に代入すると，電流 $i_1(t)$ は以下となる．

$$i_1(t) = \frac{5}{4} - \frac{4}{3}e^{-t} + \frac{1}{12}e^{-4t} \text{ [A]}$$

また，式 (1.104) を微分すると，電流 $i_2(t)$ は以下となる．

$$i_2(t) = \frac{dq_2(t)}{dt} = \frac{1}{3}e^{-t} - \frac{1}{3}e^{-4t} \text{ [A]}$$

なお，第 5 章では，式 (1.94) をさらに別の方法で解く（章末問題 5.5）．

例題 1.17 図 1.6 で表される 3 個のばねと 2 個のおもりを直列に結合した 2 自由度マスばね系の振る舞いについて考える．ばね定数と質量を $K_1 = K_2 = K_3 = 1\,\text{N/m}$，$M_1 = M_2 = 1\,\text{kg}$ とする．2 個のおもりは鉛直方向にのみ動くとし，上のおもりの変位を $x_1(t)$，下のおもりの変位を $x_2(t)$ とし，釣り合って静止した状態を $x_1(t) = 0$，$x_2(t) = 0$ とする．いま，初期位置を $x_1(0) = x_{10}$，$x_2(0) = x_{20}$ として，静かに手を離したときに 2 個のおもりがどのような運動をするのかを考える．次の初期条件の場合において，変位 $x_1(t)$，$x_2(t)$ を求めよ．

(1) $x_{10} = 0.1\,\text{m}$，$x_{20} = 0.1\,\text{m}$　　　　(2) $x_{10} = 0.1\,\text{m}$，$x_{20} = -0.1\,\text{m}$

(3) $x_{10} = 0.1\,\text{m}$，$x_{20} = 0\,\text{m}$

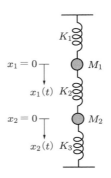

図 1.6 2 自由度マスばね系

解 この問題も対角化を使わずに解く．題意より，以下の微分方程式と初期条件を得る．

$$\begin{cases} M_1 \dfrac{d^2 x_1(t)}{dt^2} + K_1 x_1(t) + K_2(x_1(t) - x_2(t)) = 0 \\ M_2 \dfrac{d^2 x_2(t)}{dt^2} + K_3 x_2(t) + K_2(x_2(t) - x_1(t)) = 0 \end{cases}$$

$$x_1(0) = x_{10}, \quad \frac{dx_1(0)}{dt} = 0, \quad x_2(0) = x_{20}, \quad \frac{dx_2(0)}{dt} = 0$$

ここで，$K_1 = K_2 = K_3 = 1\,\mathrm{N/m}$, $M_1 = M_2 = 1\,\mathrm{kg}$ を代入すると，

$$\begin{cases} \dfrac{d^2 x_1(t)}{dt^2} + 2x_1(t) - x_2(t) = 0 \\ \dfrac{d^2 x_2(t)}{dt^2} + 2x_2(t) - x_1(t) = 0 \end{cases}$$

となり，第 1 式から $x_2(t)$ を求めると，

$$x_2(t) = \frac{d^2 x_1(t)}{dt^2} + 2x_1(t)$$

となり，これを第 2 式に代入すると，

$$\frac{d^4 x_1(t)}{dt^4} + 2\frac{d^2 x_1(t)}{dt^2} + 2\frac{d^2 x_1(t)}{dt^2} + 4x_1(t) - x_1(t) = 0$$

$$\frac{d^4 x_1(t)}{dt^4} + 4\frac{d^2 x_1(t)}{dt^2} + 3x_1(t) = 0$$

となる．この微分方程式の特性方程式は，

$$P^4 + 4P^2 + 3 = 0 \quad \Leftrightarrow \quad (P^2 + 1)(P^2 + 3) = 0$$

となり，特性根が $P = \pm i, \pm i\sqrt{3}$ となるので，一般解は

$$x_1(t) = c_1 \sin t + c_2 \cos t + c_3 \sin\sqrt{3}\,t + c_4 \cos\sqrt{3}\,t$$

となる. 一方, $x_2(t)$ は,

$$x_2(t) = \frac{d^2 x_1(t)}{dt^2} + 2x_1(t) = c_1 \sin t + c_2 \cos t - c_3 \sin \sqrt{3}t - c_4 \cos \sqrt{3}t$$

となる.

(1)
$$x_1(0) = c_2 + c_4 = 0.1, \quad \frac{dx_1(0)}{dt} = c_1 + \sqrt{3}c_3 = 0$$
$$x_2(0) = c_2 - c_4 = 0.1, \quad \frac{dx_2(0)}{dt} = c_1 - \sqrt{3}c_3 = 0$$

となる. これより $c_1 = 0$, $c_2 = 0.1$, $c_3 = 0$, $c_4 = 0$ となるので, 下記の変位 $x_1(t)$ と $x_2(t)$ を得る.

$$\begin{cases} x_1(t) = 0.1 \cos t \text{ [m]} \\ x_2(t) = 0.1 \cos t \text{ [m]} \end{cases}$$

どちらの変位も振動周波数 $1\,\mathrm{rad/s}$ の振動となり, 二つの振動に位相差はないことがわかる.

(2)
$$x_1(0) = c_2 + c_4 = 0.1, \quad \frac{dx_1(0)}{dt} = c_1 + \sqrt{3}c_3 = 0$$
$$x_2(0) = c_2 - c_4 = -0.1, \quad \frac{dx_2(0)}{dt} = c_1 - \sqrt{3}c_3 = 0$$

となる. ここから, $c_1 = 0$, $c_2 = 0$, $c_3 = 0$, $c_4 = 0.1$ となるので, 下記の変位 $x_1(t)$ と $x_2(t)$ を得る.

$$\begin{cases} x_1(t) = 0.1 \cos \sqrt{3}t \text{ [m]} \\ x_2(t) = -0.1 \cos \sqrt{3}t \text{ [m]} \end{cases}$$

どちらの変位も振動周波数 $\sqrt{3}\,\mathrm{rad/s}$ の振動となり, 二つの振動は逆位相であることがわかる.

(3)
$$x_1(0) = c_2 + c_4 = 0.1, \quad \frac{dx_1(0)}{dt} = c_1 + \sqrt{3}c_3 = 0$$
$$x_2(0) = c_2 - c_4 = 0, \quad \frac{dx_2(0)}{dt} = c_1 - \sqrt{3}c_3 = 0$$

を得る. ここから, $c_1 = 0$, $c_2 = 0.05$, $c_3 = 0$, $c_4 = 0.05$ となるので, 下記の変位 $x_1(t)$ と $x_2(t)$ を得る.

$$\begin{cases} x_1(t) = 0.05 \cos t + 0.05 \cos \sqrt{3}t \text{ [m]} \\ x_2(t) = 0.05 \cos t - 0.05 \cos \sqrt{3}t \text{ [m]} \end{cases}$$

どちらの変位も振動周波数 $1\,\mathrm{rad/s}$ と振動周波数 $\sqrt{3}\,\mathrm{rad/s}$ の異なる振動の重なりであることがわかる.

38　第 1 章　常微分方程式

◆ 章末問題

1.1　以下の微分方程式の解を求めよ.

(1) $\dfrac{dx(t)}{dt} = \dfrac{x}{t}, \quad x(1) = 5$
　　　　　(2) $\dfrac{dx(t)}{dt} = -\dfrac{t}{x}, \quad x(1) = 1$

(3) $\dfrac{dx(t)}{dt} = -\dfrac{x-1}{t+1}, \quad x(0) = 2$

1.2　以下の微分方程式の解を求めよ.

(1) $\dfrac{dx(t)}{dt} + 5x(t) = 0, \quad x(0) = 5$
　　　　(2) $\dfrac{dx(t)}{dt} + 5x(t) = 5, \quad x(0) = 5$

(3) $\dfrac{dx(t)}{dt} + 5x(t) = 5t, \quad x(0) = 5$

1.3　以下の微分方程式の解を求めよ.

(1) $\dfrac{d^2x(t)}{dt^2} + 7\dfrac{dx(t)}{dt} + 12x(t) = 0, \quad x(0) = 1, \quad \dfrac{dx(0)}{dt} = 0$

(2) $\dfrac{d^2x(t)}{dt^2} + 6\dfrac{dx(t)}{dt} + 25x(t) = 0, \quad x(0) = 1, \quad \dfrac{dx(0)}{dt} = 0$

(3) $\dfrac{d^2x(t)}{dt^2} + 6\dfrac{dx(t)}{dt} + 9x(t) = 0, \quad x(0) = 1, \quad \dfrac{dx(0)}{dt} = 0$

1.4　以下の微分方程式の解を求めよ.

(1) $\dfrac{d^2x(t)}{dt^2} + 7\dfrac{dx(t)}{dt} + 12x(t) = 5, \quad x(0) = 1, \quad \dfrac{dx(0)}{dt} = 0$

(2) $\dfrac{d^2x(t)}{dt^2} + 7\dfrac{dx(t)}{dt} + 12x(t) = 12t, \quad x(0) = 1, \quad \dfrac{dx(0)}{dt} = 0$

(3) $\dfrac{d^2x(t)}{dt^2} + 6\dfrac{dx(t)}{dt} + 25x(t) = 7e^{-2t}, \quad x(0) = 1, \quad \dfrac{dx(0)}{dt} = 0$

(4) $\dfrac{d^2x(t)}{dt^2} + 9x(t) = \sin 2t, \quad x(0) = 1, \quad \dfrac{dx(0)}{dt} = 0$

1.5　以下の微分方程式の解を求めよ.

(1) $\dfrac{d^2x(t)}{dt^2} + 7\dfrac{dx(t)}{dt} = 14t, \quad x(0) = 1, \quad \dfrac{dx(0)}{dt} = 0$

(2) $\dfrac{d^2x(t)}{dt^2} + 7\dfrac{dx(t)}{dt} + 12x(t) = e^{-3t}, \quad x(0) = 1, \quad \dfrac{dx(0)}{dt} = 0$

(3) $\dfrac{d^2x(t)}{dt^2} + 16x(t) = 8\sin 4t, \quad x(0) = 1, \quad \dfrac{dx(0)}{dt} = 0$

1.6　図 1.7(a) で表される電気抵抗 R とコイルのインダクタンス L の RL 直列回路に, 時刻 $t = 0$ で直流電圧 E を印加したときの回路に流れる電流 $i(t)$ の時間変化を考える. ただし, 時刻 $t = 0$ に電流は流れていないものとする. $R = 1\,\Omega$, $L = 2\,\mathrm{H}$, $E = 1\,\mathrm{V}$ と

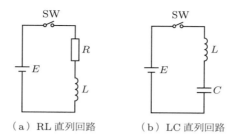

図 1.7 電気回路

して電流 $i(t)$[A] を求めよ．次に，L のみ $L = 0.5\,\mathrm{H}$ に変更して電流 $i(t)$[A] を求めよ．

1.7 図 1.7(b) で表されるコイルのインダクタンス L とコンデンサの静電容量 C の LC 直列回路に，時刻 $t = 0$ で直流電圧 E を印加したときの回路に流れる電流 $i(t)$ の時間変化を考える．時刻 $t = 0$ に電流は流れておらず，コンデンサの初期電荷はないものとする．$L = 1\,\mathrm{H}$ と $C = 0.5\,F$，$E = 1\,\mathrm{V}$ として電流 $i(t)$[A] を求めよ（第 5 章の章末問題 5.4 では，この問題を別の方法で解く）．

1.8 図 1.8 で表される質量 M のおもりが，ばね定数 K のばねにつるされて停止している．$t = 0$ でおもりに $f(t) = \cos \omega t$ [N] の外力がはたらくとき，おもりはどのような運動になるかを考える．まず，$M = 1\,\mathrm{kg}$，$K = 2\,\mathrm{N/m}$，外力の振動角周波数 $\omega = 1\,\mathrm{rad/s}$ としておもりの変位 $x(t)$[m] を求めよ．次に，外力の振動角周波数 ω のみ $\omega = 1\,\mathrm{rad/s}$ から $\omega = \sqrt{2}\,\mathrm{rad/s}$ に変更して，おもりの変位 $x(t)$[m] を求めよ．

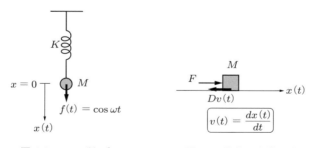

図 1.8 マスばね系   図 1.9 物体の直線運動

1.9 図 1.9 で表される床の上で停止している質量 M の物体を一定の力 F で押す．床と物体の間の摩擦は考えないものとし，空気の抵抗力は物体の速度の D 倍に等しいとする．このときの物体の速度 $v(t)$[m/s] を求めよ．さらに，$M = 50\,\mathrm{kg}$，$D = 100\,\mathrm{Ns/m}$ とし，十分な時間が経ったときの物体の速度が $36\,\mathrm{km/h}$ になった．このときの物体を押す力 F[N] を求めよ．

40　第 1 章　常微分方程式

1.10　断面積 $A[\mathrm{m}^2]$, 液面の高さ $h(t)[\mathrm{m}]$ のタンクに一定の流量 $q_{in}[\mathrm{m}^3/\mathrm{s}]$ で液体が流入し, そこから一定の流量 $q_{out}(t)[\mathrm{m}^3/\mathrm{s}]$ で液体が流出している. 流出量 $q_{out}(t)$ は液面の高さ $h(t)[\mathrm{m}]$ に比例しバルブの抵抗 R に反比例するものとし, $q_{out}(t) = \dfrac{h(t)}{R}$ とおく. 時刻 $t = 0$ における液面の高さを $h_0[\mathrm{m}]$ とするとき, 時刻 t における液面の高さ $h(t)[\mathrm{m}]$ を求めよ.

1.11　物質 A が化学反応して物質 B と物質 C ができる 1 次反応を考える. 化学反応の反応速度はモル濃度に比例することが知られ, その反応速度定数を k とする. いま, 物質 A の最初のモル濃度を $x_0[\mathrm{mol/L}]$ とし, 時刻 t 秒の経過後に $x(t)[\mathrm{mol/L}]$ が反応したとする. 反応の前後のモル濃度の関係を以下に示す. このときの $x(t)[\mathrm{mol/L}]$ を求めよ.

	A	$\rightarrow$	B	$+$	C
反応前のモル濃度	$x_0[\mathrm{mol/L}]$		$0[\mathrm{mol/L}]$		$0[\mathrm{mol/L}]$
t 秒後のモル濃度	$x_0 - x(t)[\mathrm{mol/L}]$		$x(t)[\mathrm{mol/L}]$		$x(t)[\mathrm{mol/L}]$

第2章

ベクトル解析

高校の物理では，ベクトルを使わなくてすむように，多くの内容を簡単化している．例として，下図のように閉じた導線が磁場（磁束密度 B）の中に置かれた場合を考えてみよう．(a) では，磁場に垂直な面に長方形の導線が置かれている．このとき，導線に電流が流れた際に生じる電磁力をフレミングの左手の法則を使って計算したり，磁場が時間的に変化した際に生じる起電力を電磁誘導の法則を使って計算したりすることは容易にできるだろう．しかし，(b) のように，導線が直線的ではなく，また磁場に対する角度も一定ではない場合は計算できるだろうか．さらに，磁場の向きや強さが一定ではなく，空間的に変化していたらどうだろう．もちろん，現実の世界で私たちが直面するのは，(a) ではなく (b) のような問題である．

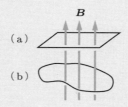

3次元の世界では，電場も磁場も，力や速度も，大きさと向きをもったベクトルである．したがって，それらがかかわる物理法則はすべてベクトルで表現されるし，それらに関する計算はすべてベクトルの計算，つまりベクトルの"掛け算"であり，微分や積分などである．本章では，ベクトルに関する演算を学ぶこととする．

2.1 ベクトルの演算

微分積分を学ぶ前に，まず基本的な演算を学ぶ．特に外積について理解しよう．

2.1.1 ◆ ベクトルの表記と基本的な演算

私たちが取り扱う物理量のうち，質量，エネルギー，温度など大きさだけの量を**スカラー** (scalar) という．一方，速度，力，電場などは大きさと向きをもつ量であり，これらを**ベクトル** (vector) という．ベクトルは図 2.1 のように矢印（向きのある線分 $\overrightarrow{AB}$）で表す．図の点 A を始点，点 B を終点という．ベクトルを1文字で表すときは

42 第2章 ベクトル解析

図 2.1　ベクトル

$\boldsymbol{a}$ や $\vec{a}$ のように表し，本書ではベクトルに $\boldsymbol{a}$，大きさについては $|\boldsymbol{a}|$（あるいは a）の表記を使う．

大きさが等しく向きが逆のベクトルを逆ベクトルという．$\overrightarrow{AB}$ に対して $\overrightarrow{BA}$ は逆ベクトルである．$\boldsymbol{a}$ の逆ベクトルは $-\boldsymbol{a}$ と表す．また，大きさがゼロのベクトルをゼロベクトルといい，$\boldsymbol{0}$ と書く．

図 2.2(a) に示すように，$\boldsymbol{a} = \overrightarrow{AB}$, $\boldsymbol{b} = \overrightarrow{BC}$ であるとき，$\overrightarrow{AC}$ は $\boldsymbol{a}$ と $\boldsymbol{b}$ の和 $\boldsymbol{a}+\boldsymbol{b}$ である．また，図 2.2(b) に示すように，$\boldsymbol{a} = \overrightarrow{OA}$, $\boldsymbol{b} = \overrightarrow{OB}$ であるとき，$\overrightarrow{AB}$ は $\boldsymbol{b}$ から $\boldsymbol{a}$ を引いた差 $\boldsymbol{b}-\boldsymbol{a}$ である．

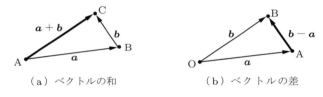

（a）ベクトルの和　　　　　（b）ベクトルの差

図 2.2　ベクトルの和と差

スカラー p に対し，ベクトル $\boldsymbol{a}$ を p 倍したものを，ベクトルのスカラー倍 $p\boldsymbol{a}$ という．$p>0$ なら $p\boldsymbol{a}$ は $\boldsymbol{a}$ と同じ向きで平行，$p<0$ なら $p\boldsymbol{a}$ は $\boldsymbol{a}$ と逆向き（反平行）である．

大きさが 1 のベクトルを単位ベクトルという．また，座標軸の向きを示す単位ベクトルをその座標系の**基本ベクトル**という．**デカルト座標系**（x, y, z 軸の直交座標系）の基本ベクトルは，通常 $\boldsymbol{i}$, $\boldsymbol{j}$, $\boldsymbol{k}$ で表す．

ベクトル $\boldsymbol{a}$ は，図 2.3 に例示するように，

$$\boldsymbol{a} = a_x \boldsymbol{i} + a_y \boldsymbol{j} + a_z \boldsymbol{k} \tag{2.1}$$

$$a_x = |\boldsymbol{a}|\cos\alpha, \quad a_y = |\boldsymbol{a}|\cos\beta, \quad a_z = |\boldsymbol{a}|\cos\gamma \tag{2.2}$$

と分解することができる．ここで，α, β, γ はそれぞれ $\boldsymbol{a}$ と x 軸，y 軸，z 軸がなす角

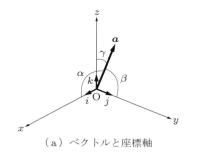
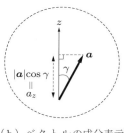

（a）ベクトルと座標軸　　　（b）ベクトルの成分表示

図 2.3　ベクトルと座標軸と成分表示

であり，$\cos\alpha$, $\cos\beta$, $\cos\gamma$ を $\boldsymbol{a}$ の**方向余弦** (directional cosine) という．また，a_x, a_y, a_z を $\boldsymbol{a}$ の成分といい，

$$\boldsymbol{a} = (a_x, a_y, a_z) \tag{2.3}$$

という書き方を成分表示という．成分を用いると，ベクトルの大きさ，和，スカラー倍は次のように書ける．

$$|\boldsymbol{a}| = \sqrt{a_x^2 + a_y^2 + a_z^2} \tag{2.4}$$

$$\boldsymbol{a} + \boldsymbol{b} = (a_x + b_x,\ a_y + b_y,\ a_z + b_z) \quad (\boldsymbol{b} = (b_x, b_y, b_z)) \tag{2.5}$$

$$p\boldsymbol{a} = (pa_x, pa_y, pa_z) \tag{2.6}$$

原点 O と点 A とを結ぶベクトル $\overrightarrow{\mathrm{OA}}$ を，点 A の位置ベクトルという．デカルト座標系では，座標が位置ベクトルの成分に対応する．

2.1.2 ◆ ベクトルの内積（スカラー積）

二つのベクトル $\boldsymbol{a}$, $\boldsymbol{b}$ の**内積** (inner product) は次式で定義される．

$$\boldsymbol{a} \cdot \boldsymbol{b} = |\boldsymbol{a}||\boldsymbol{b}|\cos\theta \tag{2.7}$$

ここで，θ は $\boldsymbol{a}$, $\boldsymbol{b}$ のなす角 $(0 \leq \theta \leq \pi)$ である．内積はスカラー量なので**スカラー積** (scalar product) ともよばれる．

$\boldsymbol{a}$, $\boldsymbol{b}$ が直交している $(\boldsymbol{a} \perp \boldsymbol{b})$ ときは $\boldsymbol{a} \cdot \boldsymbol{b} = 0$ であり，平行で同じ向き $(\theta = 0)$ な

ら $a \cdot b = |a||b|$, 平行で反対向き ($\theta = \pi$) なら $a \cdot b = -|a||b|$ である. 仮に $|b| = 1$ なら, $a \cdot b = |a|\cos\theta$ は a の b に平行な成分の大きさに相当する. また, 次の法則が成り立つ.

$$a \cdot b = b \cdot a \quad \text{(交換法則)} \tag{2.8}$$

$$a \cdot (b + c) = a \cdot b + a \cdot c \quad \text{(分配法則)} \tag{2.9}$$

$$k(a \cdot b) = (ka) \cdot b = a \cdot (kb) \quad (k \text{ はスカラー}) \tag{2.10}$$

デカルト座標の基本ベクトルは, 大きさが 1 で互いに直交しているので

$$i \cdot i = j \cdot j = k \cdot k = 1 \tag{2.11}$$

$$i \cdot j = j \cdot k = k \cdot i = j \cdot i = k \cdot j = i \cdot k = 0 \tag{2.12}$$

であり, また, ベクトル $a = (a_x, a_y, a_z)$ と $b = (b_x, b_y, b_z)$ の内積は

$$a \cdot b = (a_x i + a_y j + a_z k) \cdot (b_x i + b_y j + b_z k) = a_x b_x + a_y b_y + a_z b_z \tag{2.13}$$

で与えられる.

2.1.3 ◆ ベクトルの外積 (ベクトル積)

a, b の**外積**または**ベクトル積** (outer product, vector product) を $a \times b$ と書く. a, b のなす角を θ (ただし, $0 \leq \theta \leq \pi$) とすると, $a \times b$ は以下のように定義されるベクトルである (図 2.4).

大きさ:$|a||b|\sin\theta = [a$ と b のつくる平行四辺形の面積$]$
向き:a, b の両方に垂直で, a が b に重なるよう θ 回転させるときに右ねじが進む
　　　方向 (回転の向きは, 回転角 θ が π より小さい向き)

a と b が垂直ならば, 右手で, 親指, 人差し指, 中指をそれぞれ垂直にしたとき, a の向きが親指, b の向きが人差し指, $a \times b$ の向きが中指である.

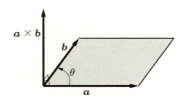

図 2.4　ベクトルの外積 $a \times b$

2.1　ベクトルの演算　　**45**

a と b が平行（$\theta = 0$ または π）なら $a \times b = 0$ であり，したがって $a \times a = 0$ である．また，次の法則が成り立つ．

$$a \times b = -b \times a \quad （反交換法則） \tag{2.14}$$

$$a \times (b+c) = a \times b + a \times c \quad （分配法則） \tag{2.15}$$

$$k(a \times b) = (ka) \times b = a \times (kb) \quad （k はスカラー） \tag{2.16}$$

式 (2.14) のように，外積では，内積（あるいは普通の乗算）と異なり，順番を変えると符号が変わる．

デカルト座標の基本ベクトルの外積は，（x, y, z 軸を図 2.4 にあてはめればわかるように）

$$i \times i = j \times j = k \times k = 0 \tag{2.17}$$

$$i \times j = -j \times i = k, \quad j \times k = -k \times j = i, \quad k \times i = -i \times k = j \tag{2.18}$$

となり，ベクトル $a = (a_x, a_y, a_z)$ と $b = (b_x, b_y, b_z)$ の外積は

$$
\begin{aligned}
a \times b &= (a_x i + a_y j + a_z k) \times (b_x i + b_y j + b_z k) \\
&= (a_y b_z - a_z b_y)i + (a_z b_x - a_x b_z)j + (a_x b_y - a_y b_x)k
\end{aligned} \tag{2.19}
$$

となる．また，行列式（付録 A.2 節参照）を用いて以下のように書くこともできる．

$$
a \times b = \begin{vmatrix} a_y & a_z \\ b_y & b_z \end{vmatrix} i + \begin{vmatrix} a_z & a_x \\ b_z & b_x \end{vmatrix} j + \begin{vmatrix} a_x & a_y \\ b_x & b_y \end{vmatrix} k = \begin{vmatrix} i & j & k \\ a_x & a_y & a_z \\ b_x & b_y & b_z \end{vmatrix} \tag{2.20}
$$

$a \cdot (b \times c)$ をスカラー三重積といい，各ベクトルの成分を用いれば，

$$
\begin{aligned}
a \cdot (b \times c) &= a_x b_y c_z - a_x b_z c_y + a_y b_z c_x - a_y b_x c_z + a_z b_x c_y - a_z b_y c_x \\
&= \begin{vmatrix} a_x & a_y & a_z \\ b_x & b_y & b_z \\ c_x & c_y & c_z \end{vmatrix}
\end{aligned} \tag{2.21}
$$

と表される．a と $b \times c$ のなす角を θ とし，$0 \le \theta < \pi/2$ とすると，図 2.5 に示すように，スカラー三重積 $a \cdot (b \times c) = |a||b \times c| \cos\theta$ は，a, b, c からなる平行六面体の体

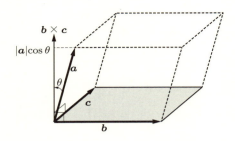

図 2.5 スカラー三重積 $\boldsymbol{a} \cdot (\boldsymbol{b} \times \boldsymbol{c})$

積になる．なぜなら，$|\boldsymbol{b} \times \boldsymbol{c}|$ は平行六面体の底面の面積であり，$|\boldsymbol{a}|\cos\theta$ が平行六面体の高さになるからである（$\pi/2 < \theta \leq \pi$ のときは，$-\boldsymbol{a} \cdot (\boldsymbol{b} \times \boldsymbol{c})$ がその体積になる）．

三つのベクトルの外積 $\boldsymbol{a} \times (\boldsymbol{b} \times \boldsymbol{c})$ をベクトル三重積という．各ベクトルの成分からベクトル三重積の成分を求めると，以下の式が示される．

$$\boldsymbol{a} \times (\boldsymbol{b} \times \boldsymbol{c}) = (\boldsymbol{c} \cdot \boldsymbol{a})\boldsymbol{b} - (\boldsymbol{a} \cdot \boldsymbol{b})\boldsymbol{c} \tag{2.22}$$

$$(\boldsymbol{a} \times \boldsymbol{b}) \times \boldsymbol{c} = (\boldsymbol{c} \cdot \boldsymbol{a})\boldsymbol{b} - (\boldsymbol{b} \cdot \boldsymbol{c})\boldsymbol{a} \tag{2.23}$$

この二つの式は一般に等しくないので，ベクトルの外積では結合法則は成り立たない．

例題 2.1 式 (2.22) を証明せよ．

解 まず，左辺の各成分を求める．

$$\boldsymbol{b} \times \boldsymbol{c} = (b_y c_z - b_z c_y)\boldsymbol{i} + (b_z c_x - b_x c_z)\boldsymbol{j} + (b_x c_y - b_y c_x)\boldsymbol{k}$$

$$(\boldsymbol{a} \times (\boldsymbol{b} \times \boldsymbol{c}))_x = a_y(b_x c_y - b_y c_x) - a_z(b_z c_x - b_x c_z)$$

$$= a_y b_x c_y + a_z b_x c_z - a_y b_y c_x - a_z b_z c_x$$

$$(\boldsymbol{a} \times (\boldsymbol{b} \times \boldsymbol{c}))_y = a_z(b_y c_z - b_z c_y) - a_x(b_x c_y - b_y c_x)$$

$$= a_z b_y c_z + a_x b_y c_x - a_z b_z c_y - a_x b_x c_y$$

$$(\boldsymbol{a} \times (\boldsymbol{b} \times \boldsymbol{c}))_z = a_x(b_z c_x - b_x c_z) - a_y(b_y c_z - b_z c_y)$$

$$= a_x b_z c_x + a_y b_z c_y - a_x b_x c_z - a_y b_y c_z$$

次に，右辺の各成分を求める．

$$(\boldsymbol{c} \cdot \boldsymbol{a})\boldsymbol{b} - (\boldsymbol{a} \cdot \boldsymbol{b})\boldsymbol{c} = (a_x c_x + a_y c_y + a_z c_z)\boldsymbol{b} - (a_x b_x + a_y b_y + a_z b_z)\boldsymbol{c}$$

$$((\boldsymbol{c} \cdot \boldsymbol{a})\boldsymbol{b} - (\boldsymbol{a} \cdot \boldsymbol{b})\boldsymbol{c})_x = a_x b_x c_x + a_y b_x c_y + a_z b_x c_z - a_x b_x c_x - a_y b_y c_x - a_z b_z c_x$$

$$= a_y b_x c_y + a_z b_x c_z - a_y b_y c_x - a_z b_z c_x$$

$$((\boldsymbol{c} \cdot \boldsymbol{a})\boldsymbol{b} - (\boldsymbol{a} \cdot \boldsymbol{b})\boldsymbol{c})_y = a_x b_y c_x + a_y b_y c_y + a_z b_y c_z - a_x b_x c_y - a_y b_y c_y - a_z b_z c_y$$

$$= a_x b_y c_x + a_z b_y c_z - a_x b_x c_y - a_z b_z c_y$$

$$((c \cdot a)b - (a \cdot b)c)_z = a_x b_z c_x + a_y b_z c_y + a_z b_z c_z - a_x b_x c_z - a_y b_y c_z - a_z b_z c_z$$

$$= a_x b_z c_x + a_y b_z c_y - a_x b_x c_z - a_y b_y c_z$$

左辺，右辺の各成分を比べれば，式 (2.22) が成り立つことが示される．式 (2.23) も同様に証明される（章末問題 2.1）．

例題 2.2 下記のベクトル演算をせよ．

$(\boldsymbol{A} + \boldsymbol{B}) \times (\boldsymbol{A} - \boldsymbol{B})$ ここで，$\boldsymbol{A} = \boldsymbol{i} + 3\boldsymbol{j} - \boldsymbol{k}$, $\boldsymbol{B} = -\boldsymbol{i} + 2\boldsymbol{j} + 2\boldsymbol{k}$

解 まず，（ ）の中を計算して，それから外積を計算してみよう．

$\boldsymbol{A} + \boldsymbol{B} = 0\boldsymbol{i} + 5\boldsymbol{j} + \boldsymbol{k}$, $\boldsymbol{A} - \boldsymbol{B} = 2\boldsymbol{i} + \boldsymbol{j} - 3\boldsymbol{k}$

$$(\boldsymbol{A} + \boldsymbol{B}) \times (\boldsymbol{A} - \boldsymbol{B}) = \begin{vmatrix} 5 & 1 \\ 1 & -3 \end{vmatrix} \boldsymbol{i} + \begin{vmatrix} 1 & 0 \\ -3 & 2 \end{vmatrix} \boldsymbol{j} + \begin{vmatrix} 0 & 5 \\ 2 & 1 \end{vmatrix} \boldsymbol{k} = -16\boldsymbol{i} + 2\boldsymbol{j} - 10\boldsymbol{k}$$

あるいは次のように，先に（ ）を外してから外積を計算することもできる．

$$(\boldsymbol{A} + \boldsymbol{B}) \times (\boldsymbol{A} - \boldsymbol{B}) = \boldsymbol{A} \times \boldsymbol{A} + \boldsymbol{B} \times \boldsymbol{A} - \boldsymbol{A} \times \boldsymbol{B} - \boldsymbol{B} \times \boldsymbol{B} = \boldsymbol{B} \times \boldsymbol{A} - \boldsymbol{A} \times \boldsymbol{B}$$

$$= -2(\boldsymbol{A} \times \boldsymbol{B})$$

$$= -2 \left(\begin{vmatrix} 3 & -1 \\ 2 & 2 \end{vmatrix} \boldsymbol{i} + \begin{vmatrix} -1 & 1 \\ 2 & -1 \end{vmatrix} \boldsymbol{j} + \begin{vmatrix} 1 & 3 \\ -1 & 2 \end{vmatrix} \boldsymbol{k} \right)$$

$$= -2(8\boldsymbol{i} - \boldsymbol{j} + 5\boldsymbol{k})$$

2.1.4 ◆ 内積と外積の利用例

ここで，内積と外積の使い方を，力学と電磁気の問題を例にとって具体的に見てみよう．力，電場，磁場はいずれも大きさと向きをもつベクトルなので，それらにかかわる計算では内積や外積を使う．

まず，内積を使う例を紹介する．物体が大きさ F の力 $\boldsymbol{F}$ の作用を受けて一定の方向に移動しているとき，力 $\boldsymbol{F}$ がする仕事 W は，力の移動方向の成分と移動距離 s の積である．図 2.6 に示すように，力と移動方向のなす角を θ とすると，W は

$$W = F \cos \theta\, s \tag{2.24}$$

である．よって，物体の移動（距離および方向）を表すベクトルを $\boldsymbol{s}$ とすれば，W は内積を用いて

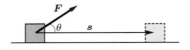

図 2.6　物体にはたらく力と移動

$$W = \bm{F} \cdot \bm{s} \tag{2.25}$$

と表される．

次に，外積を用いる例を紹介する．質量 m の質点が原点 O のまわりを回転運動しているとする．もし，質点が半径 r の円周上を速さ v で等速円運動しているならば，この質点の原点 O のまわりの角運動量の大きさ L は

$$L = mvr \tag{2.26}$$

である．円運動以外を含む一般の回転運動の場合は，図 2.7 に示すように，質点の位置ベクトルを $\bm{r}$，速度を $\bm{v}$ とすると，ベクトル積を使って以下のように角運動量 $\bm{L}$（ベクトル）が定義される．

$$\bm{L} = \bm{r} \times m\bm{v} \tag{2.27}$$

$\bm{r}$ と $\bm{v}$ のなす角を θ とすると，外積の定義より，$\bm{L}$ の大きさは $\bm{v}$ の $\bm{r}$ に垂直な成分 $v\sin\theta$ と r，m の積であり（$r = |\bm{r}|$），向きは $\bm{r}$ と $\bm{v}$ の両方に垂直な方向，すなわち回転運動の軸の方向である．

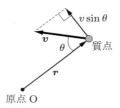

図 2.7　原点のまわりを回転運動する質点

続いて，電磁気学での外積の利用例を紹介する．磁場の中に導線が置かれ，電流が流れている．磁束密度（ベクトル）を $\bm{B}$，導線の長さを d，電流の大きさを I とする．図 2.8 に示すように導線と磁場が垂直であるとき，フレミングの左手の法則より，図の $\bm{F}$ の方向に $F = dIB$ の大きさの力がはたらく（$B = |\bm{B}|$）．力の向きは，導線と磁場の両方に垂直である．導線と磁場のなす角が θ の場合は，磁場の導線に垂直な方向の成分が力の発生に寄与するので，F は

$$F = dIB\sin\theta \tag{2.28}$$

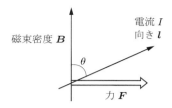

図 2.8 電流にはたらく力（フレミングの左手の法則）

と表される．外積を用いれば，向きも含め，力 $\boldsymbol{F}$（ベクトル）を

$$\boldsymbol{F} = dI\boldsymbol{l} \times \boldsymbol{B} \tag{2.29}$$

と書くことができる．ここで，$\boldsymbol{l}$ は導線の向きを表す単位ベクトルである（右手を使い，外積の定義図 2.4 を思い出し，$\boldsymbol{F}$ の向きが図 2.8 の方向になることを確認してほしい）．

2.1.5 ◆ ベクトルの変換

座標系のとり方は 1 通りではなく，問題にあわせて都合のいいように設定できる．当然，座標系を変えればベクトルの成分表示は変わる．いま，あるデカルト座標系で (x, y, z) にある点を考える．その位置ベクトルは

$$\boldsymbol{r} = x\boldsymbol{i} + y\boldsymbol{j} + z\boldsymbol{k}$$

である．これを，基本ベクトルが $\boldsymbol{i}'$，$\boldsymbol{j}'$，$\boldsymbol{k}'$ である別の直交座標系で表す．図 2.9 に示すように，この座標系の軸を x' 軸，y' 軸，z' 軸とする．これらは，もとの x 軸，y 軸，z 軸をそれぞれある一定の角度だけ回転させたものと考えればよい．

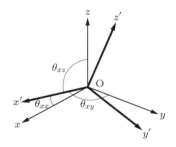

図 2.9 二つの座標系 xyz と $x'y'z'$．x' 軸と x, y, z 軸のなす角がそれぞれ $\theta_{xx}, \theta_{xy}, \theta_{xz}$

50   第2章　ベクトル解析

x' 軸と x 軸，y 軸，z 軸のなす角を θ_{xx}，θ_{xy}，θ_{xz} とすると，$\boldsymbol{i}'$ はもとの座標の基本ベクトル $\boldsymbol{i}$，$\boldsymbol{j}$，$\boldsymbol{k}$ によって

$$\boldsymbol{i}' = \cos\theta_{xx}\boldsymbol{i} + \cos\theta_{xy}\boldsymbol{j} + \cos\theta_{xz}\boldsymbol{k} \tag{2.30}$$

と表される．ここで，表記の簡便さから，添字 kl を用いて

$$\cos\theta_{kl} \ \rightarrow \ \alpha_{kl}$$

という表記法を用いる．つまり，θ_{kl} は k 軸（x' 軸，y' 軸，z' 軸）の，l 軸（x 軸，y 軸，z 軸）との角度で，α_{kl} はその方向余弦である．この表記法を用いると，$\boldsymbol{i}'$，$\boldsymbol{j}'$，$\boldsymbol{k}'$ は機械的に

$$\begin{aligned} \boldsymbol{i}' &= \alpha_{xx}\boldsymbol{i} + \alpha_{xy}\boldsymbol{j} + \alpha_{xz}\boldsymbol{k} \\ \boldsymbol{j}' &= \alpha_{yx}\boldsymbol{i} + \alpha_{yy}\boldsymbol{j} + \alpha_{yz}\boldsymbol{k} \\ \boldsymbol{k}' &= \alpha_{zx}\boldsymbol{i} + \alpha_{zy}\boldsymbol{j} + \alpha_{zz}\boldsymbol{k} \end{aligned} \tag{2.31}$$

と書ける．逆に，$\boldsymbol{i}$ を $\boldsymbol{i}'$，$\boldsymbol{j}'$，$\boldsymbol{k}'$ で表すと，以下のようになる．

$$\begin{aligned} \boldsymbol{i} &= \alpha_{xx}\boldsymbol{i}' + \alpha_{yx}\boldsymbol{j}' + \alpha_{zx}\boldsymbol{k}' \\ \boldsymbol{j} &= \alpha_{xy}\boldsymbol{i}' + \alpha_{yy}\boldsymbol{j}' + \alpha_{zy}\boldsymbol{k}' \\ \boldsymbol{k} &= \alpha_{xz}\boldsymbol{i}' + \alpha_{yz}\boldsymbol{j}' + \alpha_{zz}\boldsymbol{k}' \end{aligned} \tag{2.32}$$

（たとえば，この第1式，右辺の $\boldsymbol{j}'$ の係数は，y' 軸と x 軸のなす角の cos であるので，α_{yx} となる．）

これより，x'，y'，z' 軸の座標系においては，$\boldsymbol{r}$ は

$$\boldsymbol{r} = (\alpha_{xx}x + \alpha_{xy}y + \alpha_{xz}z)\boldsymbol{i}' + (\alpha_{yx}x + \alpha_{yy}y + \alpha_{yz}z)\boldsymbol{j}' + (\alpha_{zx}x + \alpha_{zy}y + \alpha_{zz}z)\boldsymbol{k}' \tag{2.33}$$

と書くことができる．

2.1.6◆ベクトル関数の微分

一般に，ベクトル $\boldsymbol{a} = (a_x, a_y, a_z)$ がある変数 t に対して一意に決まるとき，$\boldsymbol{a}$ は t の関数であるといい，$\boldsymbol{a}(t) = (a_x(t), a_y(t), a_z(t))$ と表す．

$\boldsymbol{a}(t)$ の変数 t に関する微分は次式で定義される．

$$\frac{d\boldsymbol{a}(t)}{dt} = \lim_{\Delta t \to 0} \frac{\boldsymbol{a}(t + \Delta t) - \boldsymbol{a}(t)}{\Delta t} \tag{2.34}$$

この式の，たとえば x 成分は次式で与えられる．

$$\lim_{\Delta t \to 0} \frac{a_x(t + \Delta t) - a_x(t)}{\Delta t} = \frac{da_x(t)}{dt} \tag{2.35}$$

y, z 成分も同様であるので, ベクトルの微分は各成分を微分したものになる.

$$\frac{d\boldsymbol{a}(t)}{dt} = \left(\frac{da_x(t)}{dt}, \frac{da_y(t)}{dt}, \frac{da_z(t)}{dt} \right) \tag{2.36}$$

各成分が微分可能であれば, ベクトルは微分可能である.

スカラー c とベクトル $\boldsymbol{a}$, $\boldsymbol{b}$ が t の関数であるとすると, 成分ごとに微分することで, 次式を証明することができる.

$$\frac{d(\boldsymbol{a} + \boldsymbol{b})}{dt} = \frac{d\boldsymbol{a}}{dt} + \frac{d\boldsymbol{b}}{dt} \tag{2.37}$$

$$\frac{d(c\boldsymbol{a})}{dt} = \frac{dc}{dt}\boldsymbol{a} + c\frac{d\boldsymbol{a}}{dt} \tag{2.38}$$

$$\frac{d(\boldsymbol{a} \cdot \boldsymbol{b})}{dt} = \frac{d\boldsymbol{a}}{dt} \cdot \boldsymbol{b} + \boldsymbol{a} \cdot \frac{d\boldsymbol{b}}{dt} \tag{2.39}$$

$$\frac{d(\boldsymbol{a} \times \boldsymbol{b})}{dt} = \frac{d\boldsymbol{a}}{dt} \times \boldsymbol{b} + \boldsymbol{a} \times \frac{d\boldsymbol{b}}{dt} \tag{2.40}$$

例題 2.3 $\boldsymbol{a}(t) = (\cos t, \sin t, 0)$ のとき, $\boldsymbol{a}(t)$ の微分はどのようなベクトルになるか.

解 図 2.10 よりわかるように, $\boldsymbol{a}(t)$ は xy 平面で原点を中心とする半径 1 の円上の点である. そして, $\frac{d\boldsymbol{a}(t)}{dt} = (-\sin t, \cos t, 0)$ になるので, $\boldsymbol{a}(t)$ と $\frac{d\boldsymbol{a}(t)}{dt}$ の内積はゼロ, つまり両者は垂直である. よって, $\frac{d\boldsymbol{a}(t)}{dt}$ は円の接線のベクトルである.

次節では, 一般的な曲線について同様な関係が成り立つことを見る.

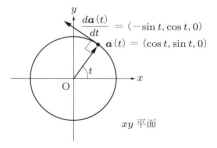

図 2.10 ベクトル $\boldsymbol{a}$ とその微分

2.2 曲線と曲面の表現

線や面にかかわる計算（積分も含む）をするには，まず線，面そのものを式で表すことができなければならない．

2.2.1 ◆ 曲　線

図 2.11 に示すように，空間で点 P が変数 t の変化につれて移動するとき，点 P の位置ベクトル $\overrightarrow{\mathrm{OP}} = \boldsymbol{r}$ は t の関数 $\boldsymbol{r}(t)$ である．このとき，$\boldsymbol{r}(t)$ は点 P の通った経路である一つの曲線を表しており，t を媒介変数という．また，$\dfrac{d\boldsymbol{r}(t)}{dt}$ は，先の例題 2.3 でも見たように，曲線に接するベクトルを表す．図 2.11 はその説明である．図に実線で示されているベクトルは，Δt が有限である場合の $\boldsymbol{r}(t)$, $\boldsymbol{r}(t+\Delta t)$ と $\dfrac{\boldsymbol{r}(t+\Delta t) - \boldsymbol{r}(t)}{\Delta t}$ である．$\Delta t \to 0$ では $\boldsymbol{r}(t+\Delta t)$ が $\boldsymbol{r}(t)$ に近づいていくので，図中の破線，つまり曲線の接線になる．

次に，$\boldsymbol{r}(t)$ が表す曲線の長さを考えよう．図 2.12 に示すように，ある微小な間隔 Δt ごとの点 P の動きを考え，$t_k = t_0 + k\Delta t$ での点 P の位置を P_k とする（t_0 は任意にとった始点の t, k は整数）．区間 $\mathrm{P}_{k+1}\mathrm{P}_k$ の長さは近似的に $|\overrightarrow{\mathrm{P}_k\mathrm{P}_{k+1}}|$ であるが，微分の定義より，Δt を小さくしていけば

$$\frac{\overrightarrow{\mathrm{P}_k\mathrm{P}_{k+1}}}{\Delta t} = \frac{\boldsymbol{r}(t_{k+1}) - \boldsymbol{r}(t_k)}{\Delta t} \approx \frac{d\boldsymbol{r}(t)}{dt} \tag{2.41}$$

である．よって，$|\overrightarrow{\mathrm{P}_k\mathrm{P}_{k+1}}|$ は，t_k での微分を用いて $\left|\dfrac{d\boldsymbol{r}(t)}{dt}\right|\Delta t$ と表される．そして，点 P_0 から点 P_n までの曲線の長さは

$$\sum_{k=0}^{n-1} \left|\overrightarrow{\mathrm{P}_k\mathrm{P}_{k+1}}\right| = \sum_{k=0}^{n-1} \left|\frac{d\boldsymbol{r}(t)}{dt}\right|_{t=t_k} \Delta t \tag{2.42}$$

である．$\Delta t \to 0$ の極限をとれば和が積分に変わるので，点 P_0 から点 P_n までの曲線

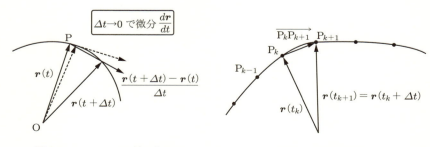

図 2.11　ベクトル関数の微分　　　　　　図 2.12　曲線の分割

の長さは，$\boldsymbol{r}(t)$ の成分 $(x(t), y(t), z(t))$ を用いて次式で与えられる．

$$\int_{t_0}^{t_{n-1}} \left|\frac{d\boldsymbol{r}(t)}{dt}\right| dt = \int_{t_0}^{t_{n-1}} \sqrt{\left(\frac{dx}{dt}\right)^2 + \left(\frac{dy}{dt}\right)^2 + \left(\frac{dz}{dt}\right)^2} dt \tag{2.43}$$

上式で与えられる曲線の長さを s と書く．t_0 での点から t での点までの長さ $s(t)$ は，次のように書ける．

$$s(t) = \int_{t_0}^{t} \left|\frac{d\boldsymbol{r}(t)}{dt}\right| dt \tag{2.44}$$

この式を t で微分すれば，$\dfrac{ds(t)}{dt} = \left|\dfrac{d\boldsymbol{r}(t)}{dt}\right|$ であるので，

$$ds = \left|\frac{d\boldsymbol{r}}{dt}\right| dt = \sqrt{\left(\frac{dx}{dt}\right)^2 + \left(\frac{dy}{dt}\right)^2 + \left(\frac{dz}{dt}\right)^2} dt \tag{2.45}$$

と書ける．この ds を曲線の**線素**といい，その線素の積分 $s(t) = \int ds = \int \left|\dfrac{d\boldsymbol{r}}{dt}\right| dt$ は曲線の長さである．

曲線の式は，力学において質点の運動を記述するのに用いられる．図 2.13 に示すように質点が運動しており，時刻 t におけるその位置ベクトルが $\boldsymbol{r}(t)$ と表されるとき，質点の速度を表すベクトル（速度ベクトル）は

$$\boldsymbol{v}(t) = \frac{d\boldsymbol{r}(t)}{dt} \tag{2.46}$$

と表される．本項の冒頭で述べたことからわかるように，このベクトルは質点が空間に描く曲線（軌跡）の接線の方向である．また，速度の大きさ，つまり速さ v は

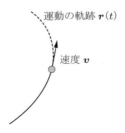

図 2.13　質点の運動

であり，s の時間微分 $\dfrac{ds}{dt}$ が質点の速さを表すことがわかる．

$$v(t) = \left|\frac{d\boldsymbol{r}(t)}{dt}\right| = \frac{ds(t)}{dt} \tag{2.47}$$

2.2.2 ◆ 曲　面

図 2.14 に示すように，点 P の位置ベクトル $\boldsymbol{r}$ が二つの変数 u, v の関数 $\boldsymbol{r}(u,v)$ であるとき，u, v を変化させると点 P はある曲面上を移動することになる．もし v を固定し，u だけ変化させたなら，点 P の経路はその曲面上にある曲線になる．これを u 曲線という．同様に，v だけ変化させたときの曲線を v 曲線という．たとえば v を少しずつ変え，そのたびに u 曲線を描けば，u 曲線は曲面上の"すだれ"のようになる．

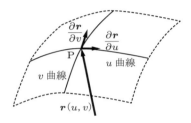

図 2.14 $\boldsymbol{r}(u,v)$ で表される曲面

2.2.1 項で扱った変数が一つのベクトル $\boldsymbol{r}(t)$ の場合，$\dfrac{d\boldsymbol{r}(t)}{dt}$ は $\boldsymbol{r}(t)$ が表す曲線の接線のベクトルである．同様に，$\boldsymbol{r}(u,v)$ の u での偏微分 $\dfrac{\partial \boldsymbol{r}(u,v)}{\partial u}$ は u 曲線の接線方向のベクトルになる．ここで，偏微分とは，変数が複数あるとき，ある変数にだけ着目し，ほかの変数を定数として扱った微分である．たとえば，二つの変数 u, v の関数 $f(u,v) = u^2 + uv + v^3$ を u, v で偏微分すると，以下のようになる．

$$\frac{\partial f}{\partial u} = 2u + v, \quad \frac{\partial f}{\partial v} = u + 3v^2$$

$\boldsymbol{r}(u,v)$ で v を固定して u だけを変数とすれば，微分によって u 曲線の接線を表すベクトルが得られ，同様に $\dfrac{\partial \boldsymbol{r}(u,v)}{\partial v}$ は v 曲線の接線方向のベクトルになる．また，外積の性質より，$\dfrac{\partial \boldsymbol{r}(u,v)}{\partial u} \times \dfrac{\partial \boldsymbol{r}(u,v)}{\partial v}$ は $\dfrac{\partial \boldsymbol{r}(u,v)}{\partial u}$ と $\dfrac{\partial \boldsymbol{r}(u,v)}{\partial v}$ を含む面に垂直な**法線ベクトル** (normal vector) である．

u が微小量 du, v が微小量 dv 変化するとき，$\boldsymbol{r}$ は u 曲線に沿って $\dfrac{\partial \boldsymbol{r}(u,v)}{\partial u} du$, v 曲

線に沿って $\frac{\partial \boldsymbol{r}(u,v)}{\partial v}dv$ だけ変化する．このとき，図 2.15 に示すように，$\frac{\partial \boldsymbol{r}(u,v)}{\partial u}du$, $\frac{\partial \boldsymbol{r}(u,v)}{\partial v}dv$ を辺とする平行四辺形の面積を**面素**あるいは**面積素** dS という．図 2.4 とともに平行四辺形の面積の式を思い出せば，外積の性質より，dS は次のように書ける．

$$dS = \left|\frac{\partial \boldsymbol{r}}{\partial u} \times \frac{\partial \boldsymbol{r}}{\partial v}\right| du dv \tag{2.48}$$

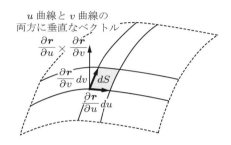

図 2.15 曲面 $\boldsymbol{r}(u,v)$ の面積素 dS と法線ベクトル

例題 2.4 $\boldsymbol{r}(u,v) = (u^2, v, u+v)$ で表される曲面の法単位ベクトル（単位長さの法線ベクトル）を求めよ．

解 u 曲線の接線ベクトルは

$$\frac{\partial \boldsymbol{r}(u,v)}{\partial u} = (2u, 0, 1)$$

v 曲線の接線ベクトルは

$$\frac{\partial \boldsymbol{r}(u,v)}{\partial v} = (0, 1, 1)$$

であるので，その両者に垂直なベクトルは，外積

$$\frac{\partial \boldsymbol{r}(u,v)}{\partial u} \times \frac{\partial \boldsymbol{r}(u,v)}{\partial v} = (-1, -2u, 2u)$$

で与えられる．よって，法単位ベクトルは以下のようになる．

$$\left(\frac{-1}{\sqrt{8u^2+1}}, \frac{-2u}{\sqrt{8u^2+1}}, \frac{2u}{\sqrt{8u^2+1}}\right)$$

2.3 スカラー場，ベクトル場の微分

一般に物理量は，たとえば，ここことあそこでは温度が違う，あるいは風の強さが違

うというように，場所が変われば値が変わる．つまり，それらの物理量は空間の座標 (x, y, z) の関数である．本節では，関数が x, y, z の三つの変数で表現されるとし，その微分を考える．

2.3.1 ◆ 場の概念

空間のある領域内の各点 (x, y, z) で，スカラーの関数 $\phi(x, y, z)$ が与えられているとき，領域とスカラー関数をあわせて**スカラー場**という．同様に，ある領域でベクトル関数 $\boldsymbol{a}(x, y, z)$ が与えられているとき，領域とベクトル関数をあわせて**ベクトル場**という．たとえば，空間の温度や電位はスカラー場である．また，空間の風速や電場は，大きさと向きをもつ量なのでベクトル場である．

2.3.2 ◆ 勾 配

スカラー場 $\phi(x, y, z)$ に対し，次式で**勾配** (gradient) を定義する．

$$\mathrm{grad}\,\phi = \left(\frac{\partial \phi}{\partial x}, \frac{\partial \phi}{\partial y}, \frac{\partial \phi}{\partial z}\right) = \left(\frac{\partial}{\partial x}, \frac{\partial}{\partial y}, \frac{\partial}{\partial z}\right)\phi \qquad (2.49)$$

$\mathrm{grad}\,\phi$ はベクトルであり，たとえば x 成分は ϕ の x での偏微分である（例として，図 2.16 に示すように地形を考えて，$\phi(x, y)$ を点 (x, y) での標高とすれば，$\left(\frac{\partial \phi}{\partial x}, \frac{\partial \phi}{\partial y}\right)$ は地面の傾き，つまり勾配を表す）．上式の $\left(\frac{\partial}{\partial x}, \frac{\partial}{\partial y}, \frac{\partial}{\partial z}\right)$ は x, y, z 成分をもつベクトルとみなすことができるが，これを**ハミルトンの演算子**といい，∇ と書いて**ナブラ** (nabla) と読む．定義より，以下のように書くことができる．

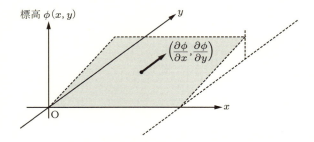

図 2.16　2 次元の勾配の例．面が y 方向に傾いている

$$\mathrm{grad}\,\phi = \nabla\phi, \quad \nabla = \left(\frac{\partial}{\partial x}, \frac{\partial}{\partial y}, \frac{\partial}{\partial z}\right) = \frac{\partial}{\partial x}\boldsymbol{i} + \frac{\partial}{\partial y}\boldsymbol{j} + \frac{\partial}{\partial z}\boldsymbol{k} \tag{2.50}$$

$\phi(x,y,z) = c$（定数）となる面を ϕ の等位面という．たとえば，ある点に点電荷があるとき，電位一定の面は，その点を中心とした球面になる（上で例としてふれた標高の場合は，2 次元平面で定義される関数（2 変数 x,y の関数）であるため，$\phi =$ 一定は，等位面ではなく等位線（等高線）になる）．

いま，図 2.17 に示すように等位面 $\phi(x,y,z) = c$ 上の点を考え，等位面内でその点からの微小変位 $\Delta\boldsymbol{l} = (\Delta x, \Delta y, \Delta z)$ を考える．x 座標が Δx 変化することによる ϕ の値の変化は，近似的に $\frac{\partial \phi}{\partial x}\Delta x$ で与えられる．y, z の変位も同様に考えれば，変位 $\Delta\boldsymbol{l}$ にともなう ϕ の変化 $\Delta\phi$ は，

$$\Delta\phi \approx \frac{\partial\phi}{\partial x}\Delta x + \frac{\partial\phi}{\partial y}\Delta y + \frac{\partial\phi}{\partial z}\Delta z \tag{2.51}$$

で与えられるが，これは $\nabla\phi$ と $\Delta\boldsymbol{l}$ の内積 $\nabla\phi\cdot\Delta\boldsymbol{l}$ に等しい．しかし，等位面内の変位を考えているのであるから，$\Delta\phi = 0$，つまり $\nabla\phi\cdot\Delta\boldsymbol{l} = 0$ である．内積の性質より，このことは $\nabla\phi \perp \Delta\boldsymbol{l}$ を意味する．$\Delta\boldsymbol{l}$ は面内のベクトルなので，図 2.17 に示すように，ベクトル $\nabla\phi$ は等位面に垂直（法線方向のベクトル）である．

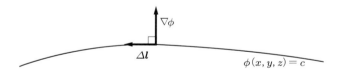

図 2.17 $\phi(x,y,z) = c$ で表される等位面上の変位のベクトル $\Delta\boldsymbol{l}$ と勾配 $\nabla\phi$（$\mathrm{grad}\,\phi$）

さらに，等位面内に限らない一般の微小変位について考えよう．空間のある点 P から任意の方向（等位面内に限らず）への単位ベクトルを $\boldsymbol{e} = (e_x, e_y, e_z)$ とする．このとき，次式で方向微係数 $\frac{d\phi}{de}$ を定義する．

$$\frac{d\phi}{de} = \boldsymbol{e}\cdot\nabla\phi = e_x\frac{\partial\phi}{\partial x} + e_y\frac{\partial\phi}{\partial y} + e_z\frac{\partial\phi}{\partial z} \tag{2.52}$$

$\boldsymbol{e}$ 方向の微小変位 $\Delta\boldsymbol{l} = \boldsymbol{e}\Delta l = (e_x\Delta l, e_y\Delta l, e_z\Delta l)$ を考えると，それにともなう ϕ の変化 $\Delta\phi$ は，

$$\Delta\phi \approx \frac{\partial\phi}{\partial x}e_x\Delta l + \frac{\partial\phi}{\partial y}e_y\Delta l + \frac{\partial\phi}{\partial z}e_z\Delta l = \Delta l(\boldsymbol{e}\cdot\nabla\phi) = \Delta l\frac{d\phi}{de} \tag{2.53}$$

58　第 2 章　ベクトル解析

となる．つまり，$\frac{\Delta\phi}{\Delta l} \approx \frac{d\phi}{de}$ であり，方向微係数 $\frac{d\phi}{de}$ は e 方向の変位に対する ϕ の変化率（傾き）を表す．e の方向を変化させたとき，内積 $e \cdot \nabla\phi$ は $e // \nabla\phi$ のときに最大であるので，方向微係数すなわちスカラー場の傾きは，等位面の法線方向で最大である．

　物理学では，物体にはたらく力を表すのに勾配が用いられる．物体に万有引力やクーロン力などの力がはたらいているとき，位置ベクトルが r の点でのその力に対応する位置エネルギーを $U(r)$ とする（このように対応する位置エネルギー U を r の関数で書くことができるとき，その力を保存力という）．このとき，物体にはたらく力は

$$F = -\nabla U(r) \tag{2.54}$$

と書くことができる．点電荷によるクーロン力や惑星間の万有引力の場合，U の等位面は球面であり，F の向きは上で述べたようにその面に垂直，つまり半径方向である（逆に，力を距離で積分すれば，仕事すなわちエネルギーが得られる．2.4.1 項で述べるように，F を線積分することで U の値が得られる）．

2.3.3 ◆ 発　散

　ベクトル場 $a(x, y, z) = (a_x(x, y, z), a_y(x, y, z), a_z(x, y, z))$ の**発散** (divergence) は，次式で与えられる．

$$\text{div } a = \nabla \cdot a = \left(\frac{\partial}{\partial x}, \frac{\partial}{\partial y}, \frac{\partial}{\partial z} \right) \cdot (a_x, a_y, a_z) = \frac{\partial a_x}{\partial x} + \frac{\partial a_y}{\partial y} + \frac{\partial a_z}{\partial z} \tag{2.55}$$

このように，発散はナブラ ∇ と a の内積である．

　発散の意味を考えるために，例として水の流れを考えよう．つまり，$a(x, y, z)$ は座標 (x, y, z) での単位面積あたりの水の流速とする．そして，空間の中には水が湧き出ている点や吸い込まれている点があるとする．いま，図 2.18 のように立方体の微小領域を考える．x 軸に垂直な面での水の出入りは，流速 a のその面に垂直な成分 a_x で表される．x 軸に垂直な二つの面のうち，座標 x の面では単位面積あたり $a_x(x, y, z)$ の水の流れが立方体に流入する．一方，$x + \Delta x$ の面では $a_x(x + \Delta x, y, z)$ の水の流れが立方体から流出する．したがって，この二つの面での流入流出を考えると，差し引き立方体から外に流れ出てくる水の量は，面の面積 $\Delta y \Delta z$ を掛けて

$$\{a_x(x + \Delta x, y, z) - a_x(x, y, z)\} \Delta y \Delta z \approx \left(\frac{\partial a_x}{\partial x} \Delta x \right) \Delta y \Delta z$$

となる．同様に，y 軸，z 軸それぞれに垂直な二つの面での流入流出を考えると，立方

2.3 スカラー場，ベクトル場の微分   59

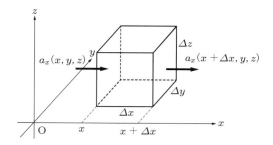

図 2.18 立方体の微小領域の yz 面に入る流れ $a_x(x,y,z)$ と出る流れ $a_x(x+\Delta x, y, z)$

体から外に流れ出てくる水の流れは，合計で

$$\left(\frac{\partial a_x}{\partial x} + \frac{\partial a_y}{\partial y} + \frac{\partial a_z}{\partial z}\right)\Delta x \Delta y \Delta z = (\nabla \cdot \boldsymbol{a})\Delta x \Delta y \Delta z \tag{2.56}$$

となる．この値が正なら，立方体の中では水が湧き出して，外に流れ出ていることになる．逆に負なら，立方体の中では水が吸い込まれていることになる．そして，$\nabla \cdot \boldsymbol{a}$ は単位体積あたりの湧き出し ($\nabla \cdot \boldsymbol{a} > 0$)，あるいは吸い込み ($\nabla \cdot \boldsymbol{a} < 0$) の量を表している．

例題 2.5 $\boldsymbol{r} = (x,y,z) = x\boldsymbol{i} + y\boldsymbol{j} + z\boldsymbol{k}$ について，その大きさ $r = |\boldsymbol{r}| = \sqrt{x^2+y^2+z^2}$ の勾配 $\nabla r (= \operatorname{grad} r)$ と，発散 $\nabla \cdot \boldsymbol{r} (= \operatorname{div} \boldsymbol{r})$ を求めよ．

解
$$\nabla r = \frac{\partial \sqrt{x^2+y^2+z^2}}{\partial x}\boldsymbol{i} + \frac{\partial \sqrt{x^2+y^2+z^2}}{\partial y}\boldsymbol{j} + \frac{\partial \sqrt{x^2+y^2+z^2}}{\partial z}\boldsymbol{k}$$
$$= \frac{x\boldsymbol{i} + y\boldsymbol{j} + z\boldsymbol{k}}{\sqrt{x^2+y^2+z^2}} = \frac{\boldsymbol{r}}{r}$$

図 2.19 に示すように，r の等位面は原点を中心とする球面であり，∇r はその球面に垂直，つまり半径方向である．また，大きさは 1 である．

$\boldsymbol{r}$ の発散は，

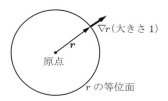

図 2.19 r の等位面と勾配

$$\operatorname{div} \boldsymbol{r} = \nabla \cdot \boldsymbol{r} = \frac{\partial x}{\partial x} + \frac{\partial y}{\partial y} + \frac{\partial z}{\partial z} = 1 + 1 + 1 = 3$$

である．$\boldsymbol{r}$ はいたるところで湧き出しているベクトルである．

2.3.4 ◆ 回 転

ベクトル $\boldsymbol{a}$ と演算子 ∇ の外積を $\boldsymbol{a}$ の**回転** (rotation) といい，rot $\boldsymbol{a}$ と書く．

$$\operatorname{rot} \boldsymbol{a} = \nabla \times \boldsymbol{a} = \begin{vmatrix} \boldsymbol{i} & \boldsymbol{j} & \boldsymbol{k} \\ \dfrac{\partial}{\partial x} & \dfrac{\partial}{\partial y} & \dfrac{\partial}{\partial z} \\ a_x & a_y & a_z \end{vmatrix}$$
$$= \left(\frac{\partial a_z}{\partial y} - \frac{\partial a_y}{\partial z}\right) \boldsymbol{i} + \left(\frac{\partial a_x}{\partial z} - \frac{\partial a_z}{\partial x}\right) \boldsymbol{j} + \left(\frac{\partial a_y}{\partial x} - \frac{\partial a_x}{\partial y}\right) \boldsymbol{k} \qquad (2.57)$$

発散 $\nabla \cdot \boldsymbol{a}$ がベクトル ∇ と $\boldsymbol{a}$ の内積であり，したがってスカラーであるのに対し，回転 rot $\boldsymbol{a} = \nabla \times \boldsymbol{a}$ は外積なのでベクトルである．この回転は，名前のとおりベクトル場の回転，あるいは渦の性質を表す量である．そのことを見るために，図 2.20 を考える．ここで，$\boldsymbol{a}$ は水の流れの流速を表すベクトル場であり，その流れの中に，回転の軸が z 軸方向の，大きさ Δ の小さな水車が置かれている．図 (a) の場合は水車は回る．しかし，図 (b) の場合は回らないだろう．羽根が y 方向に向いていたとして，その羽根の上側と下側では同じ力が加わり，回転のトルクとしては互いに打ち消しあうためである．では，図 (c) の場合はどうだろう．y 方向の羽根の上端と下端に掛かる力が違うので，その差の分だけ回転のトルクが発生するだろう．つまり，y 方向の羽根に掛かるトルクは，左回りを正として

$$-a_x(x, y+\Delta, z) + a_x(x, y, z) \approx -\frac{\partial a_x}{\partial y}\Delta$$

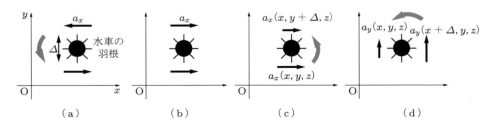

図 2.20　回転の説明図

2.3 スカラー場，ベクトル場の微分　*61*

に比例するだろう．流れに y 方向の成分もあるなら，同じように考えて（図 (d)），x 方向に向いた羽根に掛かるトルクは，左回りを正にすれば

$$a_y(x+\Delta, y, z) - a_y(x, y, z) \approx \frac{\partial a_y}{\partial x}\Delta$$

に比例するだろう．したがって，両者をあわせたトルクは $\left(\dfrac{\partial a_y}{\partial x} - \dfrac{\partial a_x}{\partial y}\right)$ に比例するが，これは $\nabla \times \boldsymbol{a}$ の z 成分である．つまり，$\nabla \times \boldsymbol{a}$ の各成分は，その方向に軸が向いた水車の回転トルクに対応している．

回転と勾配，発散との間には以下の式が成り立つ．

$$\nabla \times (\nabla\phi) = \mathrm{rot}(\mathrm{grad}\,\phi) = \boldsymbol{0} \qquad (2.58)$$

$$\nabla \cdot (\nabla \times \boldsymbol{a}) = \mathrm{div}(\mathrm{rot}\,\boldsymbol{a}) = 0 \qquad (2.59)$$

式 (2.58) は以下のように証明される（式 (2.59) は章末問題 2.9 とした）．

$$\nabla \times (\nabla\phi) = \begin{vmatrix} \boldsymbol{i} & \boldsymbol{j} & \boldsymbol{k} \\ \dfrac{\partial}{\partial x} & \dfrac{\partial}{\partial y} & \dfrac{\partial}{\partial z} \\ \dfrac{\partial\phi}{\partial x} & \dfrac{\partial\phi}{\partial y} & \dfrac{\partial\phi}{\partial z} \end{vmatrix}$$

$$= \left(\frac{\partial^2\phi}{\partial y\partial z} - \frac{\partial^2\phi}{\partial z\partial y}\right)\boldsymbol{i} + \left(\frac{\partial^2\phi}{\partial z\partial x} - \frac{\partial^2\phi}{\partial x\partial z}\right)\boldsymbol{j} + \left(\frac{\partial^2\phi}{\partial x\partial y} - \frac{\partial^2\phi}{\partial y\partial x}\right)\boldsymbol{k} = \boldsymbol{0}$$

例題 2.6　例題 2.5 の $\boldsymbol{r}$ について，$\boldsymbol{r}$ の回転を求めよ．

・・・

解　$\nabla \times \boldsymbol{r} = \begin{vmatrix} \boldsymbol{i} & \boldsymbol{j} & \boldsymbol{k} \\ \dfrac{\partial}{\partial x} & \dfrac{\partial}{\partial y} & \dfrac{\partial}{\partial z} \\ x & y & z \end{vmatrix} = \left(\dfrac{\partial z}{\partial y} - \dfrac{\partial y}{\partial z}\right)\boldsymbol{i} + \left(\dfrac{\partial x}{\partial z} - \dfrac{\partial z}{\partial x}\right)\boldsymbol{j} + \left(\dfrac{\partial y}{\partial x} - \dfrac{\partial x}{\partial y}\right)\boldsymbol{k} = \boldsymbol{0}$

　実際，図 2.19 に示すように，$\boldsymbol{r}$ は原点から放射状に伸びるベクトルであるので，回転しているようには見えない．

例題 2.7　$\boldsymbol{a} = (-y, x, 0) = -y\boldsymbol{i} + x\boldsymbol{j}$ の回転 $\nabla \times \boldsymbol{a}$ を求めよ．

・・・

解　このベクトル $\boldsymbol{a}$ は，図 2.21 のように，xy 平面（$z = c$，c は任意の定数）でベクトル (x, y, c) と垂直である．いくつかの点で $\boldsymbol{a}$ を描くと，向きが回転しているようすが見て取

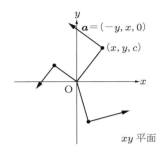

図 2.21 ベクトル $\boldsymbol{a} = (-y, x, 0)$

れる．そして，$\nabla \times \boldsymbol{a}$ は

$$\nabla \times \boldsymbol{a} = \left(-\frac{\partial x}{\partial z}\right)\boldsymbol{i} + \left(-\frac{\partial y}{\partial z}\right)\boldsymbol{j} + \left(\frac{\partial x}{\partial x} + \frac{\partial y}{\partial y}\right)\boldsymbol{k} = 2\boldsymbol{k}$$

となり，z 方向のベクトルになる．これは，$\boldsymbol{a}$ が z 軸まわりに回転するベクトルであることを示している．

2.4 スカラー場，ベクトル場の積分

空間での場の微分には勾配，発散，回転があったが，空間での場の積分も 1 通りではない．積分とは，区切って値を足していく，というようなことだが，その区切り方が 1 通りではないのである．

2.4.1 ◆ 線積分
(1) スカラー場の線積分

$f(x)$ の積分は，x 軸を微小区間 Δx に区切り，i 番目の Δx 区間の座標を x_i として

$$\int f(x)\, dx = \lim_{\Delta x \to 0} \sum_i f(x_i) \Delta x \tag{2.60}$$

で与えられる．3 次元空間における積分をこれと同様に定義しよう．スカラー場 $\phi(\boldsymbol{r})$ があり，空間にある曲線 C が与えられているとする．図 2.22 のように C を長さ Δs の微小区間に分割し，i 番目の微小区間内の点の位置を $\boldsymbol{r}_i$ と書く．この C に沿った積分（スカラー場の**線積分**）は，次式で与えられる．

$$\int_C \phi(\boldsymbol{r})\, ds = \lim_{\Delta s \to 0} \sum_i \phi(\boldsymbol{r}_i) \Delta s \tag{2.61}$$

$f(x)$ を x_1 から x_2 まで積分する場合は，変数 x の変え方は 1 通りしかないが，3 次元

2.4 スカラー場，ベクトル場の積分   63

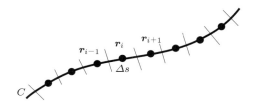

図 2.22 線積分を考えるために，曲線 C を微小区間 Δs に分割

空間で点 P_1 から出発して点 P_2 で終わる曲線は無数に存在し，一般に積分の値は曲線（積分経路）によって変わる．上式の ds は，2.2.1 項で導入した線素（式 (2.45)）であり，曲線の長さ $\int ds$ は $\phi = 1$ を線積分した値と考えることができる．曲線 C の式が $\boldsymbol{r}(t)$ と表されるとき，C 上の点 P_1 から点 P_2 までの線積分は，点 P_1，P_2 の位置ベクトルをそれぞれ $\boldsymbol{r}(t_1)$，$\boldsymbol{r}(t_2)$ として，

$$\int_C \phi(\boldsymbol{r})\, ds = \int_{t_1}^{t_2} \phi(\boldsymbol{r}(t)) \left| \frac{d\boldsymbol{r}(t)}{dt} \right| dt \tag{2.62}$$

と書くことができる．

例題 2.8 xy 平面上の点 $(1,0,0)$ から点 $(0,1,0)$ まで，スカラー関数 $\phi = -x + 3y$ を線積分せよ．図 2.23 に示す二つの積分経路，直線 C_1 と弧 C_2 について行え．

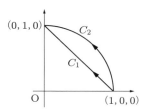

図 2.23 二つの積分経路 C_1，C_2

解 それぞれの積分経路は

$$C_1 : \boldsymbol{r} = (1-t, t, 0) \quad (0 \leq t \leq 1)$$
$$C_2 : \boldsymbol{r} = (\cos t, \sin t, 0) \quad \left(0 \leq t \leq \frac{\pi}{2}\right)$$

と表される．C_1 上では $\phi = -(1-t) + 3t$，C_2 上では $\phi = -\cos t + 3\sin t$ であり，それぞれの線素（式 (2.45)）は

$$C_1 \ : \ ds = \left|\frac{d\bm{r}(t)}{dt}\right| dt = \sqrt{(-1)^2 + 1^2 + 0}\, dt = \sqrt{2}\, dt$$

$$C_2 \ : \ ds = \left|\frac{d\bm{r}(t)}{dt}\right| dt = \sqrt{(-\sin t)^2 + (\cos t)^2 + 0}\, dt = dt$$

であるので，線積分は以下のようになる．

$$C_1 \ : \ \int_0^1 \{-(1-t) + 3t\}\sqrt{2}\, dt = \sqrt{2}\left[-t + 2t^2\right]_0^1 = \sqrt{2}$$

$$C_2 \ : \ \int_0^{\frac{\pi}{2}} (-\cos t + 3\sin t)\, dt = [-\sin t - 3\cos t]_0^{\frac{\pi}{2}} = 2$$

(2) ベクトル場の線積分

次に，図 2.24 をもとにベクトル場の線積分を考えよう．ベクトル場 $\bm{a}$ があり，曲線 C が $\bm{r}(t)$ で定義されている．C 上の各点での接線方向の単位ベクトル（接線単位ベクトル）を $\bm{t}$ とするとき，$\int \bm{a} \cdot \bm{t}\, ds$ でベクトル場の線積分を定義する．これは，内積 $\bm{a} \cdot \bm{t}$ というスカラー場に対する，(1) で説明した線積分と考えればよい．そして，$\bm{a} \cdot \bm{t}$ は $\bm{a}$ の $\bm{t}$ 方向の成分であるので，線積分は $\bm{a}$ の積分経路に沿った成分を積分したものと考えることができる．なお，$\int \bm{a} \cdot \bm{t}\, ds$ の代わりに，d のうしろの変数をベクトルの表記にして $\int \bm{a} \cdot d\bm{s}$ や $\int \bm{a} \cdot d\bm{r}$ のようにも書く（以下ではしばしば $\int \bm{a} \cdot d\bm{r}$ と書く）．

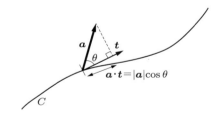

図 2.24　ベクトル $\bm{a}$ の曲線 C に沿った線積分

2.2.1 項で述べたように，$\dfrac{d\bm{r}(t)}{dt}$ は接線方向のベクトルであるので，

$$\bm{t} = \frac{d\bm{r}(t)/dt}{|d\bm{r}(t)/dt|} \tag{2.63}$$

であり，式 (2.45), (2.62) を思い出せば，線積分は以下のように書ける．

2.4 スカラー場, ベクトル場の積分 65

$$\int \boldsymbol{a} \cdot d\boldsymbol{r} = \int \boldsymbol{a} \cdot \boldsymbol{t} \, ds = \int \boldsymbol{a} \cdot \frac{d\boldsymbol{r}/dt}{|d\boldsymbol{r}/dt|} \, ds = \int \boldsymbol{a} \cdot \frac{d\boldsymbol{r}/dt}{|d\boldsymbol{r}/dt|} \left| \frac{d\boldsymbol{r}}{dt} \right| \, dt = \int \boldsymbol{a} \cdot \frac{d\boldsymbol{r}}{dt} \, dt$$

(2.64)

つまり, $\boldsymbol{a} = (a_x, a_y, a_z)$, $\boldsymbol{r} = (x(t), y(t), z(t))$ とすれば, ベクトル場の線積分は以下のようになる.

$$\int \boldsymbol{a} \cdot d\boldsymbol{r} = \int \left(a_x \frac{dx}{dt} + a_y \frac{dy}{dt} + a_z \frac{dz}{dt} \right) dt \tag{2.65}$$

例題 2.9 例題 2.8 と同じく, 図 2.23 の C_1, C_2 での, ベクトル場 $\boldsymbol{a} = (-y, x, 0)$ の線積分を求めよ.

解 C_1 では, $\dfrac{d\boldsymbol{r}(t)}{dt} = (-1, 1, 0)$ であり, $\boldsymbol{a} = (-t, 1-t, 0)$ であるので,

$$\int_{C_1} \boldsymbol{a} \cdot d\boldsymbol{r} = \int_{C_1} \boldsymbol{a} \cdot \frac{d\boldsymbol{r}}{dt} \, dt = \int_0^1 (t + 1 - t) dt = [t]_0^1 = 1$$

となる. また C_2 では, $\dfrac{d\boldsymbol{r}(t)}{dt} = (-\sin t, \cos t, 0)$ であり, $\boldsymbol{a} = (-\sin t, \cos t, 0)$ であるので, 以下のようになる.

$$\int_{C_2} \boldsymbol{a} \cdot d\boldsymbol{r} = \int_{C_2} \boldsymbol{a} \cdot \frac{d\boldsymbol{r}}{dt} \, dt = \int_0^{\frac{\pi}{2}} (\sin^2 t + \cos^2 t) dt = [t]_0^{\frac{\pi}{2}} = \frac{\pi}{2}$$

2.3.2 項で述べたスカラー場 ϕ の勾配 $\nabla \phi = \left(\dfrac{\partial \phi}{\partial x}, \dfrac{\partial \phi}{\partial y}, \dfrac{\partial \phi}{\partial z} \right)$ はベクトル場だが, それを $\boldsymbol{r}(t)$ で表される経路で点 P_0 から点 P まで積分してみよう. $\dfrac{d\boldsymbol{r}}{dt} = \left(\dfrac{dx}{dt}, \dfrac{dy}{dt}, \dfrac{dz}{dt} \right)$ であるので,

$$\int_{\mathrm{P}_0 \to \mathrm{P}} \nabla \phi \cdot d\boldsymbol{r} = \int_{\mathrm{P}_0 \to \mathrm{P}} \nabla \phi \cdot \frac{d\boldsymbol{r}}{dt} \, dt = \int_{\mathrm{P}_0 \to \mathrm{P}} \left(\frac{\partial \phi}{\partial x} \frac{dx}{dt} + \frac{\partial \phi}{\partial y} \frac{dy}{dt} + \frac{\partial \phi}{\partial z} \frac{dz}{dt} \right) dt$$

$$= \int_{\mathrm{P}_0 \to \mathrm{P}} \frac{d\phi}{dt} \, dt = \phi(\mathrm{P}) - \phi(\mathrm{P}_0) \tag{2.66}$$

となる. つまり, スカラー場の勾配を線積分した値は, 積分経路の始点と終点の ϕ の値から得られる.

物理学において, 線積分は力から仕事 (エネルギー) を計算するのに用いられる. 物体 (質点) に力 $\boldsymbol{F}(r)$ が作用しており, 物体が点 P_0 から点 P まで移動するとき, 力

が物体にする仕事は $\int_{\mathrm{P}_0 \to \mathrm{P}} \boldsymbol{F}(r) \cdot d\boldsymbol{r}$ となる（式 (2.25) で示したように，仕事は力と移動のベクトルの内積で与えられる．$d\boldsymbol{r}$ だけ移動したときの仕事は $\boldsymbol{F} \cdot d\boldsymbol{r}$ である）．クーロン力や万有引力の場合は，その力による位置エネルギーが r の関数 $U(\boldsymbol{r})$ で与えられる（保存力）．2.3.2 項で述べたように，$\boldsymbol{F} = -\nabla U(\boldsymbol{r})$ である．物体が点 P_0 から点 P まで移動するときの保存力がする仕事は，式 (2.66) から

$$\int_{\mathrm{P}_0 \to \mathrm{P}} \boldsymbol{F}(r) \cdot d\boldsymbol{r} = \int_{\mathrm{P}_0 \to \mathrm{P}} -\nabla U \cdot d\boldsymbol{r} = U(\mathrm{P}_0) - U(\mathrm{P}) \tag{2.67}$$

となり，経路によらず始点と終点の U の値で決まる．

2.4.2 ◆ 面積分

図 2.25 のようにある曲面 S があり，それが面積 ΔS の微小領域に分割されているとする．i 番目の微小領域内の，ある点でのスカラー場 ϕ の値を ϕ_i とするとき，次式で**面積分**を定義する．

$$\int_S \phi \, dS = \lim_{\Delta S \to 0} \sum_i \phi_i \Delta S \tag{2.68}$$

また，ベクトル場 $\boldsymbol{a}$ の面積分は，$\boldsymbol{n}$ を面の法単位ベクトルとして次式で定義される．

$$\int_S \boldsymbol{a} \cdot \boldsymbol{n} \, dS = \lim_{\Delta S \to 0} \sum_i \boldsymbol{a}_i \cdot \boldsymbol{n}_i \Delta S \tag{2.69}$$

ここで，$\boldsymbol{n}_i$ は i 番目の領域における面の法単位ベクトルであり，$\boldsymbol{a}_i$ はその領域における $\boldsymbol{a}$ ベクトルである．このようにベクトル場の面積分では，曲面の法線ベクトル $\boldsymbol{n}$ と $\boldsymbol{a}$ の内積 $\boldsymbol{a} \cdot \boldsymbol{n}$ を面積分する．つまり，$\boldsymbol{a}$ の法線方向の成分を積分したものになる．なお，$\boldsymbol{n}dS$ を $d\boldsymbol{S}$ と書いて，ベクトルの面積分を $\int \boldsymbol{a} \cdot d\boldsymbol{S}$ と書くことも多い．

電磁気学では，たとえばある面を貫く磁束は，ベクトル場である磁束密度 $\boldsymbol{B}$ をその面で面積分することによって得られる．もし $\boldsymbol{B}$ が面に平行なら（$\boldsymbol{n}$ に垂直なら），$\boldsymbol{B}$

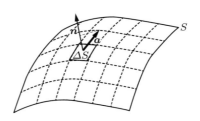

図 2.25　ベクトル $\boldsymbol{a}$ の面積分を考えるため，曲面を微小領域 ΔS に分割

は面を貫くことはないので，磁束には寄与しない（$\boldsymbol{B}\cdot\boldsymbol{n}=0$）．$\boldsymbol{B}$ の法線方向の成分が面を貫く成分であり，その積分が磁束に相当する．

2.2.2 項で述べたように，曲面が二つの変数 u, v の関数 $\boldsymbol{r}(u,v)$ で表されるとき，$dS=\left|\dfrac{\partial \boldsymbol{r}}{\partial u}\times \dfrac{\partial \boldsymbol{r}}{\partial v}\right|dudv$ である（式 (2.48)）．また，$\dfrac{\partial \boldsymbol{r}}{\partial u}\times \dfrac{\partial \boldsymbol{r}}{\partial v}$ は法線方向のベクトルである．よって，$\boldsymbol{n}=\dfrac{\partial \boldsymbol{r}}{\partial u}\times \dfrac{\partial \boldsymbol{r}}{\partial v}\left/\left|\dfrac{\partial \boldsymbol{r}}{\partial u}\times \dfrac{\partial \boldsymbol{r}}{\partial v}\right|\right.$ と書けるので，面積分は以下の式で計算される．

$$\int_S \boldsymbol{a}\cdot \boldsymbol{n}\, dS = \int_S \boldsymbol{a}\cdot \left(\frac{\partial \boldsymbol{r}}{\partial u}\times \frac{\partial \boldsymbol{r}}{\partial v}\right) dudv \tag{2.70}$$

なお，ある面に対し，法線は，いわば表側と裏側の二つの方向にとることができる．したがって，$\boldsymbol{n}=-\dfrac{\partial \boldsymbol{r}}{\partial u}\times \dfrac{\partial \boldsymbol{r}}{\partial v}\left/\left|\dfrac{\partial \boldsymbol{r}}{\partial u}\times \dfrac{\partial \boldsymbol{r}}{\partial v}\right|\right.$ とすることも可能である．

例題 2.10 図 2.26 に示すように，1 辺の長さ 1 の立方体の，xy 面の対角線を通り z 軸に平行な面（影をつけた面）を考え，一定のベクトル場 $\boldsymbol{a}=(a,0,0)$ を，その面で面積分せよ．図中の $\boldsymbol{n}$ はその面の法単位ベクトルである．

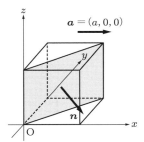

図 2.26　ある面とベクトル場

解　面の式は $x=y$ であり，面は $\boldsymbol{r}(x,z)=(x,x,z)$ と表すことができる．よって，

$$\frac{\partial \boldsymbol{r}}{\partial x}=(1,1,0),\quad \frac{\partial \boldsymbol{r}}{\partial z}=(0,0,1),\quad \frac{\partial \boldsymbol{r}}{\partial x}\times \frac{\partial \boldsymbol{r}}{\partial z}=(1,-1,0)$$

であり，$0\le x\le 1$, $0\le z\le 1$ の範囲で積分すれば，面積分は

$$\int_S \boldsymbol{a}\cdot \left(\frac{\partial \boldsymbol{r}}{\partial x}\times \frac{\partial \boldsymbol{r}}{\partial z}\right) dxdz = \int_0^1 \left(\int_0^1 a\, dx\right) dz = a$$

となる．なおこの場合，$\boldsymbol{n}=\left(\dfrac{1}{\sqrt{2}},-\dfrac{1}{\sqrt{2}},0\right)$ であり，$\boldsymbol{a}\cdot \boldsymbol{n}=\dfrac{a}{\sqrt{2}}$（定数）である．定数

の面積分は「定数 × 面の面積」であるが，いま考えている面の面積は $\sqrt{2}$ なので，積分は a となり，上の計算と同じ答えが得られる．

2.5 積分定理

これまでに学んだ微分，積分を含んだ定理を本節で学ぶ．これらの定理は電磁気学の重要な法則と深くかかわっているため，電磁気学の理解には必須であるし，また流体力学でも重要な役割を果たすので，機械工学や化学工学を学ぶうえでも必須の知識である．

2.5.1 ◆ 発散定理（ガウスの定理）

まず，一般のスカラー ϕ の体積積分を定義しよう．考え方はスカラー場の面積分と同様である．空間 V を体積 ΔV の微小区分に分割し，その i 番目の領域でのある点における ϕ の値を ϕ_i とする．ϕ の**体積積分** $\int_V \phi\, dV$ は次式で定義される．

$$\int_V \phi\, dV = \lim_{\Delta V \to 0} \sum_i \phi_i \Delta V \tag{2.71}$$

いま，曲面 S として閉じた面（空間を内側と外側に分ける面）を考え，法線ベクトルは内から外に向かう方向とする．S によって囲まれた空間が V であるとすると，ベクトル場 $\boldsymbol{a}(\boldsymbol{r})$ について以下の式が成り立つ．

$$\int_S \boldsymbol{a}\cdot\boldsymbol{n}\, dS = \int_V \nabla\cdot\boldsymbol{a}\, dV \tag{2.72}$$

これを**発散定理**あるいは**ガウスの定理** (Gauss' divergence theorem) という．この式の右辺はスカラー場 $\nabla\cdot\boldsymbol{a}$ の V での体積積分であり，それが V を囲む閉曲面 S での $\boldsymbol{a}$ の面積分に等しいということを示している．

この定理を証明するため，図 2.27 のように，V を微小な立方体 $\Delta V = \Delta x \Delta y \Delta z$ に分割する．分割の大きさ $(\Delta x = \Delta y = \Delta z)$ が十分小さければ，立方体の集まりは，もとの空間 V を隙間なく埋め尽くすと考えてよい．図 2.28 は発散定理を考える際の微小領域を示したもので，たとえば図 (a) においては，右の面では $\boldsymbol{a}\cdot\boldsymbol{n} = a_x$，左の面では $\boldsymbol{a}\cdot\boldsymbol{n} = -a_x$ であり，面の面積はともに $\Delta y \Delta z$ である．2.3.3 項で述べたように，微小な立方体について

2.5 積分定理　69

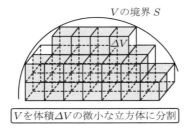

図 2.27 体積積分を説明するための空間 V

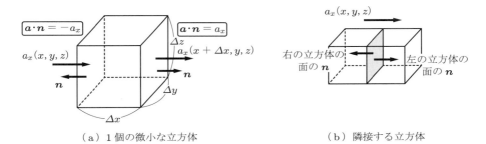

（a）1個の微小な立方体　　　　　　　　（b）隣接する立方体

図 2.28 発散定理を示すために考える立方体の微小領域

$$\{a_x(x+\Delta x, y, z) - a_x(x, y, z)\}\Delta y \Delta z \approx \left(\frac{\partial a_x}{\partial x}\Delta x\right)\Delta y\Delta z$$

であるが，この式の左辺は x 軸に垂直な二つの面での $\int \boldsymbol{a}\cdot\boldsymbol{n}\,dS$ である．同様に y, z 軸に垂直な面も考えると，以下の式が成り立つ．

$$\int_{\Delta S}\boldsymbol{a}\cdot\boldsymbol{n}\,dS = \left(\frac{\partial a_x}{\partial x}+\frac{\partial a_y}{\partial y}+\frac{\partial a_z}{\partial z}\right)\Delta x\Delta y\Delta z = (\nabla\cdot\boldsymbol{a})\Delta V \tag{2.73}$$

ここで，面積分の範囲 ΔS は微小領域 ΔV の表面である．

次に，この微小な立方体についての式 (2.73) を，V を構成するすべての立方体について足しあわせる．

$$\sum_{\Delta S}\int_{\Delta S}\boldsymbol{a}\cdot\boldsymbol{n}\,dS = \sum_{\Delta V}(\nabla\cdot\boldsymbol{a})\Delta V \tag{2.74}$$

$\Delta V \to 0$ とすれば，右辺は $\nabla\cdot\boldsymbol{a}$ の V での体積積分 $\int_V \nabla\cdot\boldsymbol{a}\,dV$ になる．一方，左辺の面積分をすべての微小な立方体について足しあわせると，たとえば図 2.28(b) の影をつけた面のような，隣接する立方体に共有される面の面積分は，左右の立方体それぞれの面積分に含まれることになる．そして，左の立方体の面としては $\boldsymbol{n}$ は右向き，

右の立方体の面としては n は左向きなので，それぞれの面積分は符号が逆になり，合計すると打ち消しあう．このように，V の内部の面積分は打ち消しあい，1番外側の面，すなわち V 全体の境界表面の面積分 $\int_S \boldsymbol{a} \cdot \boldsymbol{n}\, dS$ だけが残る．こうして発散定理（式 (2.72)）が得られる．

$\boldsymbol{a}$ をたとえば水の流速と考えると，式 (2.72) の左辺は，空間 V から外へ流れ出る水の量を表す（$\boldsymbol{n}$ は，V を囲む面 S の外向きの法単位ベクトルなので，$\boldsymbol{a}\cdot\boldsymbol{n}$ は S から外に出る流れを表す）．一方，右辺の $\nabla \cdot \boldsymbol{a}$ は，図 2.18 で説明したように，空間のある地点における湧き出し量を表す．したがって，発散定理は，水の流れを例にとると，「ある空間から外に流れ出てくる水の総量は，その空間の内部で湧き出ている水の総量に等しい」ということを意味している．

例題 2.11　点電荷 q の電場 $\boldsymbol{E}$ は，図 2.29 に示すように電荷の点から放射状に広がり，大きさはクーロンの法則により距離 r の 2 乗に反比例する．これをベクトル（成分表示）で表すと，

$$\boldsymbol{E} = (E_x, E_y, E_z) = \frac{k}{r^3}(x, y, z) \quad (k \text{ は比例定数})$$

となる $\left(|(x,y,z)| = r \text{ なので，} |\boldsymbol{E}| \text{ は } \dfrac{1}{r^2} \text{ に比例する}\right)$．この電場について，電磁気学の「ガウスの法則」の積分形が成り立つことを示せ．点電荷の場合の「ガウスの法則」は，任意の閉曲面 S について次式が成り立つことである．

$$\int_S \boldsymbol{E} \cdot \boldsymbol{n}\, dS = \begin{cases} 4\pi k & (S \text{ 内部に点電荷が含まれる場合}) \\ 0 & (S \text{ 内部に点電荷が含まれない場合}) \end{cases}$$

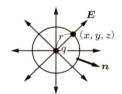

図 2.29　点電荷がつくる電場

解　まず $\boldsymbol{E}$ を，点電荷を中心とする半径 R の球の表面で面積分しよう．電場は球面の法線方向であるので，$\boldsymbol{E} \cdot \boldsymbol{n} = |\boldsymbol{E}| = \dfrac{k}{R^2}$ であり，

$$\int \boldsymbol{E} \cdot \boldsymbol{n}\, dS = \left(\frac{k}{R^2}\right) 4\pi R^2 = 4\pi k$$

となって，R に依存しない．

では次に，$\boldsymbol{E}$ の発散を考えよう．$r \neq 0$ では

$$\frac{\partial E_x}{\partial x} = k\frac{\partial}{\partial x}\left(\frac{x}{r^3}\right) = k\left(\frac{1}{r^3} - \frac{3x}{r^4}\frac{x}{r}\right) = k\left(\frac{1}{r^3} - \frac{3x^2}{r^5}\right)$$

であり，$\dfrac{\partial E_y}{\partial y}$，$\dfrac{\partial E_z}{\partial z}$ も同様に計算できるので，

$$\nabla \cdot \boldsymbol{E} = k\left\{3\frac{1}{r^3} - \frac{3(x^2+y^2+z^2)}{r^5}\right\} = 0$$

である．

次に，もう一度 $\boldsymbol{E}$ の面積分を考えよう．上では点電荷を中心とする球面での積分を考えたが，一般の閉曲面ではどうだろうか．$\nabla \cdot \boldsymbol{E}$ は，$r \neq 0$ ではゼロである．よって，閉曲面が点電荷を含まなければ $\int \nabla \cdot \boldsymbol{E}\, dV = 0$ であるので，ガウスの定理によれば，

$$\int_S \boldsymbol{E} \cdot n\, dS = 0$$

になる．点電荷を含む任意の閉曲面については，閉曲面の内部 V での体積積分 $\int \nabla \cdot \boldsymbol{E}\, dV$ を，図 2.30 に示すように (i) 閉曲面内部の点電荷を中心とした球，(ii) それ以外の領域（点電荷を含まない），の二つに分けて考える．(i) については積分の値は $4\pi k$，(ii) についてはゼロであるので，

$$\int_S \boldsymbol{E} \cdot \boldsymbol{n}\, dS = \int_{(i)} \nabla \cdot \boldsymbol{E}\, dV + \int_{(ii)} \nabla \cdot \boldsymbol{E}\, dV = 4\pi k$$

となる．こうして，クーロンの法則で表される電場が，「ガウスの法則」の積分形を満たすことが示された．

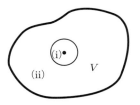

図 2.30　点電荷を取り囲む任意の閉曲面と
　　　　　それに囲まれた空間 V

2.5.2 ◆ ストークスの定理

図 2.31 に示すような閉曲線 C で囲まれた曲面 S において，ベクトル場 $\boldsymbol{a}(\boldsymbol{r})$ に対し，

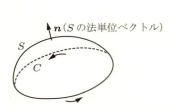
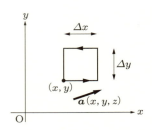

図 2.31　ストークスの定理を示すために考える曲面 S とその周囲の曲線 C

図 2.32　xy 平面上の微小な正方形．その周に沿った $\boldsymbol{a}$ の線積分を考える

$$\int_C \boldsymbol{a} \cdot d\boldsymbol{r} = \int_S (\nabla \times \boldsymbol{a}) \cdot \boldsymbol{n}\, dS \tag{2.75}$$

が成り立つ．つまり，$\boldsymbol{a}$ の回転の曲面 S での面積分と，周囲 C での $\boldsymbol{a}$ の線積分は等しい．これを**ストークスの定理** (Stokes' theorem) という．ここで，線積分の範囲である C は閉じた曲線（閉曲線）であり，面積分の範囲である S は C に囲まれた曲面である．S は周囲が C であればよいので，1 通りではなく，いろいろな形がありうる．また，曲面の法単位ベクトル $\boldsymbol{n}$ は面のどちら側に向くかで 2 通りのとり方があるが，C の線積分の向きに右ねじを回したときにねじの進む方向ととる．

この式を証明するために，まず図 2.32 に示す xy 平面の微小な正方形 (ΔS) を 1 回りする線積分と回転との関係を調べよう．上と下の二つの辺で，積分経路の接線単位ベクトル $\boldsymbol{t}$ は座標 $y+\Delta y$ では $-x$ 方向，y では $+x$ 方向なので，二つの辺の線積分の和は

$$a_x(x,y,z)\Delta x - a_x(x, y+\Delta y, z)\Delta x \approx -\frac{\partial a_x}{\partial y}\Delta y \Delta x$$

となる．同様に，左右の二つの辺の線積分の和は，座標 x での $\boldsymbol{t}$ は $-y$ 方向，$x+\Delta x$ での $\boldsymbol{t}$ は $+y$ 方向であるので，

$$-a_y(x,y,z)\Delta y + a_x(x+\Delta x, y, z)\Delta y \approx \frac{\partial a_y}{\partial x}\Delta x \Delta y$$

となる．したがって，微小な正方形の周囲 ΔC の線積分は，$\Delta x \Delta y = \Delta S$ なので，

$$\int_{\Delta C} \boldsymbol{a} \cdot d\boldsymbol{r} = \left(\frac{\partial a_y}{\partial x} - \frac{\partial a_x}{\partial y}\right)\Delta x \Delta y = \int_{\Delta S}(\nabla \times \boldsymbol{a})_z dS \tag{2.76}$$

となる．そして，正方形の面の $\boldsymbol{n}$ は（右ねじの進む方向とすれば）$+z$ 方向なので，$(\nabla \times \boldsymbol{a})_z = (\nabla \times \boldsymbol{a}) \cdot \boldsymbol{n}$ と書くことができ，

$$\int_{\Delta C} \boldsymbol{a} \cdot d\boldsymbol{r} = \int_{\Delta S} (\nabla \times \boldsymbol{a}) \cdot \boldsymbol{n} \, dS \tag{2.77}$$

となる．つまり，$\boldsymbol{a}$ の正方形を1周する線積分は，$\boldsymbol{a}$ の回転 $\nabla \times \boldsymbol{a}$ の面積分に等しい．

このことは，回転を直感的に理解するのにも役立つ．たとえば，図 2.33 のベクトル場を考えよう．この図で $\boldsymbol{a}$ の向きは "回転" しており，図中の正方形の周に沿って線積分すると，接線と $\boldsymbol{a}$ はつねに平行で，正方形のどの辺でも $\boldsymbol{a} \cdot \boldsymbol{t} > 0$ なので，線積分は正の値をとる．したがって，このように向きが "回転" しているベクトル場は，回転 $\nabla \times \boldsymbol{a}$ の z 成分がゼロではない．つまり，回転 $\nabla \times \boldsymbol{a}$ とは，閉曲線に沿って1周するとき，それにあわせて向きが変わるような成分があるかどうかを表す．

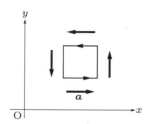

図 2.33 向きが "回転" しているベクトル場 $\boldsymbol{a}$

では，ストークスの定理を証明しよう．まず，与えられた曲面 S を図 2.34 のように微小な正方形に分割する．正方形が十分小さければ，正方形は S を隙間なく埋め尽くすだろう．微小な正方形のそれぞれに対し，式 (2.77) が成り立つ．次に，その積分をすべての正方形について足しあわせる．

$$\sum_{\Delta C} \int_{\Delta C} \boldsymbol{a} \cdot d\boldsymbol{r} = \sum_{\Delta S} \int_{\Delta S} (\nabla \times \boldsymbol{a}) \cdot \boldsymbol{n} \, dS \tag{2.78}$$

右辺の面積分は，曲面 S 全体の面積分 $\int_S (\nabla \times \boldsymbol{a}) \cdot \boldsymbol{n} \, dS$ になる．一方，左辺の線積分をすべての正方形について加えると，S 内部のある一つの辺は，図 2.34 に例を示す

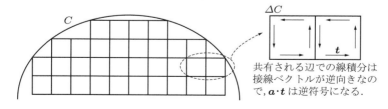

図 2.34 ストークスの定理の証明のため，閉曲線 C に囲まれた曲面を微小な正方形に分割

ように，隣り合う二つの正方形の線積分に含まれる．そして，この辺での t の向きは，それぞれの正方形で逆なので，$a \cdot t$ は符号が逆になり，その積分を足すと打ち消しあう．結局，すべての正方形について線積分を足すと，S 内部の辺の積分はすべて打ち消しあい，S の周囲の線積分だけが残って $\int_C a \cdot dr$ になる．こうしてストークスの定理（式 (2.75)）が示される．

例題 2.12 図 2.35 のように，原点を通る z 軸方向の直線導線に電流 I が流れているとき，点 (x, y, z) での磁場 H は次式で与えられる．

$$H = \frac{g}{r_{xy}^2}(y, -x, 0) \quad \left(r_{xy} = \sqrt{x^2 + y^2}, \; g \text{ は比例定数} = \frac{I}{2\pi}\right)$$

$|H| = \frac{g}{r_{xy}} = \frac{I}{2\pi r_{xy}}$ である．このとき，この直線導線のつくる磁場について，「アンペールの法則」$\int_C H \cdot dr = I$ が成り立つことを示せ（C は閉曲線，I は C と交差する電流）．

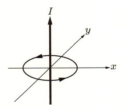

図 2.35 無限長直線導線（z 方向）に流れる電流 I とそれを中心とした円形の積分経路（xy 平面上）

解 まず，$z = c$（c は任意の定数）の xy 平面上で，z 軸を中心とする半径 R の円での H の線積分を考える．H の式より，円上の点の位置ベクトル $r = (x, y, c)$ とその点での H は直交する．つまり，積分経路の接線単位ベクトル t と H が平行であり，$H \cdot t = |H|$ であるので，次式が得られる．

$$\int H \cdot dr = \frac{g}{R} \times 2\pi R = 2\pi g \; (= I)$$

よって，この積分は R に依存しない．

次に，円以外の場合も含む任意の閉曲線 C での，線積分 $\int_C H \cdot dr$ を考えよう．H の回転を考える．まず，

$$(\nabla \times H)_x = (\nabla \times H)_y = 0$$

であることは容易に確認できる．そして，$r_{xy} \neq 0$ では

$$(\nabla \times \boldsymbol{H})_z = g\frac{\partial}{\partial x}\left(\frac{-x}{r_{xy}^2}\right) - g\frac{\partial}{\partial y}\left(\frac{y}{r_{xy}^2}\right) = -g\left(\frac{1}{r_{xy}^2} - \frac{2x^2}{r_{xy}^4}\right) - g\left(\frac{1}{r_{xy}^2} - \frac{2y^2}{r_{xy}^4}\right) = 0$$

となる．

したがって，$\nabla \times \boldsymbol{H}$ は $r_{xy} \neq 0$ でゼロである．よって，閉曲線が電流（z軸）を含まなければ，ストークスの定理より，線積分はゼロになる．閉曲線が z 軸を含む場合の値を得るために，図 2.36 に示すように (i) z 軸を中心とする円と，(ii) その円と閉曲線（積分経路 C）を境界とする領域，を考える．(i) と (ii) をあわせると，積分経路に囲まれた曲面 S になる．(i) での面積分 $\int (\nabla \times \boldsymbol{H}) \cdot \boldsymbol{n} \, dS$ は $2\pi g$，(ii) での面積分はゼロであるので，

$$\int_C \boldsymbol{H} \cdot d\boldsymbol{r} = \int_{(\mathrm{i})} (\nabla \times \boldsymbol{H}) \cdot \boldsymbol{n} \, dS + \int_{(\mathrm{ii})} (\nabla \times \boldsymbol{H}) \cdot \boldsymbol{n} \, dS = 2\pi g \, (= I)$$

となる．これで，直線導線の磁場が，「アンペールの法則」の積分形を満たすことが確認できた．

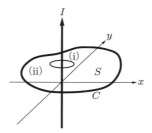

図 2.36　直線状の電流 I を取り囲む任意の積分経路 C とそれに囲まれた面 S

例題 2.13　保存力の回転がゼロであることを示せ（2.3.2 項で述べたように，電場から電荷が受ける力や，万有引力など，対応する位置エネルギー U が位置 $\boldsymbol{r}$ の関数として定義できるとき，その力を保存力という）．

解　ある点 P での位置エネルギー $U(\mathrm{P})$ は，$U = 0$ の基準点を P_0 として

$$U(\mathrm{P}) = -\int_{\mathrm{P}_0 \to \mathrm{P}} \boldsymbol{F} \cdot d\boldsymbol{r}$$

である（式 (2.67)）．保存力ではこれが一意に定義されるため，線積分は $\mathrm{P}_0 \to \mathrm{P}$ の経路によらず一定の値である．いま，図 2.37 のように $\mathrm{P}_0 \to \mathrm{P}$ の二つの経路 C_1, C_2 を考える．一方の経路 C_2 を逆向き（P→P_0）にたどると，二つの経路をあわせて閉曲線の積分経路 ($C_1 - C_2$) になる．積分経路を逆向きにたどれば，線積分は符号が逆になる．したがって，

$$\int_{C_1 - C_2} \boldsymbol{F} \cdot d\boldsymbol{r} = \int_{C_1} \boldsymbol{F} \cdot d\boldsymbol{r} - \int_{C_2} \boldsymbol{F} \cdot d\boldsymbol{r}$$

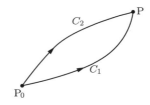

図 2.37 点 P_0 と点 P を結ぶ二つの積分経路 C_1, C_2

であるが，線積分が $P_0 \to P$ の経路によらず一定なら，この値はゼロとなる．よって，ストークスの定理より，積分経路 $(C_1 - C_2)$ で囲まれた閉曲面で

$$\int (\nabla \times \boldsymbol{F}) \cdot \boldsymbol{n}\, dS = \int_{C_1 - C_2} \boldsymbol{F} \cdot d\boldsymbol{r} = 0$$

である．このことが任意の点 P について成り立つので，$\nabla \times \boldsymbol{F} = \boldsymbol{0}$ である．これで，保存力の回転はゼロであることが示された．

章末問題

2.1 次式を証明せよ．
(1) $\boldsymbol{a} \cdot (\boldsymbol{b} \times \boldsymbol{c}) = \boldsymbol{b} \cdot (\boldsymbol{c} \times \boldsymbol{a}) = \boldsymbol{c} \cdot (\boldsymbol{a} \times \boldsymbol{b})$
(2) $(\boldsymbol{a} \times \boldsymbol{b}) \times \boldsymbol{c} = (\boldsymbol{c} \cdot \boldsymbol{a})\boldsymbol{b} - (\boldsymbol{b} \cdot \boldsymbol{c})\boldsymbol{a}$ （式 (2.23)）

2.2 図 2.38 のように，1 辺 a の立方体の面の中心を結んでできる平行六面体の体積を求めよ．

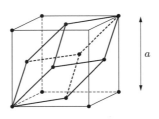

図 2.38 平行六面体

2.3 次式で表される曲線はどのような形か説明せよ．また，$t = 0$ から $t = 2\pi$ までの曲線の長さを求めよ．

$$\boldsymbol{r}(t) = a \cos t\, \boldsymbol{i} + a \sin t\, \boldsymbol{j} + bt\boldsymbol{k} \quad (a > 0)$$

2.4 $z = xy$ で表される曲面の法単位ベクトルを求めよ．

章末問題　**77**

2.5　$\boldsymbol{r} = (x, y, z), r = |\boldsymbol{r}|$ とする．$r^2, \dfrac{1}{r}, \log r$ の勾配をそれぞれ求めよ．

2.6　例題 2.5 で $\nabla r (= \text{grad } r)$ を求めた．この発散を計算し，$\nabla \cdot \nabla r (= \text{div}(\text{grad } r))$ を求めよ．また，$\nabla \cdot \nabla = \nabla^2 = \dfrac{\partial^2}{\partial x^2} + \dfrac{\partial^2}{\partial y^2} + \dfrac{\partial^2}{\partial z^2}$ であることを確認せよ（∇^2 をラプラシアンといい，$\triangle$ という記号で表す）．

2.7　r の関数 $f(r)$ について，

$$\nabla^2 f(r) = \triangle f(r) = \frac{d^2 f}{dr^2} + \frac{df}{dr}\frac{2}{r}$$

であることを示せ．

2.8　次のベクトル場の発散と回転をそれぞれ求めよ．

(1) $\boldsymbol{a} = \dfrac{\boldsymbol{r}}{r}$　　　　　　　　　　　　(2) $\boldsymbol{b} = zy\boldsymbol{i} - zx\boldsymbol{j} + xy\boldsymbol{k}$

2.9　次式を証明せよ．

(1) $\nabla(\phi\boldsymbol{a}) = \nabla\phi \cdot \boldsymbol{a} + \phi\nabla\boldsymbol{a}$　$(\text{div}(\phi\boldsymbol{a}) = \text{grad } \phi \cdot \boldsymbol{a} + \phi \, \text{div } \boldsymbol{a})$

(2) $\nabla \cdot (\nabla \times \boldsymbol{a}) = 0$　$(\text{div}(\text{rot } \boldsymbol{a}) = 0)$　　（式 (2.59)）

2.10　問題 2.3 の曲線 $\boldsymbol{r}(t) = a\cos t\,\boldsymbol{i} + a\sin t\,\boldsymbol{j} + bt\,\boldsymbol{k}\ (a > 0)$ に沿って，ベクトル場

$$\boldsymbol{a} = 2x\boldsymbol{i} + y\boldsymbol{j} - 2\boldsymbol{k}$$

を $t = 0$ から $t = \dfrac{\pi}{2}$ まで線積分せよ．

2.11　任意のスカラー場 ϕ について

$$\int_C \nabla\phi \cdot d\boldsymbol{r} = 0 \quad \left(\int_C \text{grad } \phi \cdot d\boldsymbol{r} = 0\right)$$

であることを示せ（C は任意の閉曲線）．

2.12　半径 1 の球の表面を S とする．ベクトル場

$$\boldsymbol{a} = 3x^2 y^4 z^2 \boldsymbol{i} + (3y - zx)\boldsymbol{j} - 2xy^4 z^3 \boldsymbol{k}$$

について，$\displaystyle\int_S \boldsymbol{a} \cdot \boldsymbol{n}\, dS$ をガウスの定理を利用して求めよ．

2.13　点 (1,0,0), (0,1,0), (0,0,1) を頂点とする三角形の周を C とするとき，ベクトル場

$$\boldsymbol{a} = z\boldsymbol{i} + x\boldsymbol{j} + y\boldsymbol{k}$$

について，$\displaystyle\int_C \boldsymbol{a} \cdot d\boldsymbol{r}$ をストークスの定理を利用して求めよ．

第3章

複素解析

　複素数の数学は，いったい何の役に立つのだろう．実数の関数や図形なら，現実世界の何かに対応することがあるだろうから，それらを扱う数学が現実世界の何かの問題を解くのに役立つことは容易に想像できる．一方，虚数は「虚」というのだから現実の世界には直接対応しておらず，現実の世界のどんな問題に使えるのか，すぐには見当がつかない[†]．

　しかし実際には，複素数は現実の問題を解くのに非常に役立つ．たとえば，交流の電気回路の計算は，ほとんど複素数の世界で行われるといってよい．そして，複素数の世界と現実の世界をつなぐ役割をしているのが複素数の関数＝複素関数である．現実の世界を複素関数を用いて複素数の世界に対応付けることで，さまざまな計算が驚くほど簡単になる．

　ここで学ぶ複素関数は，指数関数，三角関数などすでに高校で学んだ関数ばかりである．しかし，見かけは同じであるが，複素関数は単に関数の変数を複素数にしたものではなく，新たに定義しなおしたものと考えたほうがよいだろう．たとえば，指数関数については，e^2 とあれば $e = 2.718\cdots$ の2乗だとこれまでは考えたが，変数が虚数単位 i になって e^i となれば，もはやそのような考え方が通用しなくなり，別の見方が必要になる．

3.1　複素数の関数

　実軸と虚軸で定義される複素平面で複素数を考え，さらにオイラーの公式を用いることで，$re^{i\theta}$ という複素数の表し方が出てくる．複素数を距離 (r) と方向 (θ) で表すということに慣れれば，複素数の関数も理解しやすくなるだろう．

3.1.1 ◆ 複素数と複素平面

　複素数 (complex number) は，**複素平面** (complex plane)（図3.1）に示すように

$$z = x + iy \tag{3.1}$$

[†] 虚数を含む複素数は現実の世界に直接は対応していないと書いたが，実際はそうともいえないようだ．量子力学によれば，電子は粒でもあり波でもある．そして，電子の波（波動関数）は複素関数である．つまり，複素数こそが電子の実体であるともいえるのだ．実際，複素関数を用いて電子のさまざまな振る舞いが記述され，そのような理論の上に立って現代の電子工学は成立している．

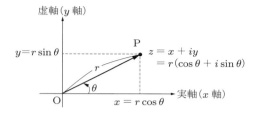

図 3.1 複素平面と複素数の極形式表示

と表される．図 3.1 では，x 座標が**実部** (real part)，y 座標が**虚部** (imaginary part) を表し，複素数は平面上の一つの点に対応する．x, y は実数，i は**虚数単位**で $i^2 = -1$ である $\left(\text{この式を } i \text{ で割れば } \dfrac{1}{i} = -i \text{ であることがわかる}\right)$．$x$ は z の実部，y は虚部で，

$$x = \mathrm{Re}(z), \quad y = \mathrm{Im}(z)$$

と書く．また，虚部の符号を変えた複素数 $\bar{z} = x - iy$ を**共役** (conjugate) **複素数**という．

複素平面で，複素数は**極（座標）形式** (polar form) を用いて次のように表すこともできる．

$$z = r(\cos\theta + i\sin\theta) \tag{3.2}$$

図 3.1 に示すように，z を複素平面の点 P で表すと，r は原点 O から点 P までの距離であり，θ は OP が x 軸（実軸）の正の部分となす角である．r, θ と x, y の関係は，

$$r = \sqrt{x^2 + y^2}, \quad \tan\theta = \frac{y}{x} \tag{3.3}$$

であり，r は z の絶対値 $|z|$ である．また，θ は**偏角** (phase, argument) といい，$\theta = \arg z$ と書く．

3.1.2 ◆ オイラーの公式と複素数の n 乗根

$$e^{i\theta} = \exp(i\theta) = \cos\theta + i\sin\theta \tag{3.4}$$

を**オイラーの公式** (Euler's formula) という．この公式は，両辺を**マクローリン展開**（ゼロを中心として**テイラー展開**）することで証明される．一般に，実数の関数 $f(x)$

80 第3章 複素解析

のマクローリン展開は

$$f(x) = f(0) + f^{(1)}(0)x + \frac{1}{2!}f^{(2)}(0)x^2 + \frac{1}{3!}f^{(3)}(0)x^3 + \cdots \tag{3.5}$$

である．ここで，$f^{(n)}$ は関数 f を n 回微分したことを表す（付録 A.3 節参照）．$(e^x)' = e^x$，$(e^x)^{(n)} = e^x$ であり，$e^0 = 1$ なので，指数関数のマクローリン展開は

$$e^x = 1 + x + \frac{1}{2!}x^2 + \frac{1}{3!}x^3 + \frac{1}{4!}x^4 + \frac{1}{5!}x^5 + \frac{1}{6!}x^6 + \frac{1}{7!}x^7 + \cdots \tag{3.6}$$

となる．これが指数関数の定義だと考えれば，x が実数でなくても値を定めることができる．つまり $e^{i\theta}$ は，この式の x を $i\theta$ で置き換えて

$$e^{i\theta} = 1 + i\theta - \frac{1}{2!}\theta^2 - i\frac{1}{3!}\theta^3 + \frac{1}{4!}\theta^4 + i\frac{1}{5!}\theta^5 - \frac{1}{6!}\theta^6 - i\frac{1}{7!}\theta^7 + \cdots \tag{3.7}$$

となる．一方，三角関数をマクローリン展開すると，$\cos 0 = 1$，$\sin 0 = 0$ より次のようになる．

$$\cos\theta = 1 - \frac{1}{2!}\theta^2 + \frac{1}{4!}\theta^4 - \frac{1}{6!}\theta^6 + \cdots \tag{3.8}$$

$$\sin\theta = \theta - \frac{1}{3!}\theta^3 + \frac{1}{5!}\theta^5 - \frac{1}{7!}\theta^7 + \cdots \tag{3.9}$$

これを式 (3.7) と比べれば，$\cos\theta = \text{Re}(e^{i\theta})$，$\sin\theta = \text{Im}(e^{i\theta})$ であるので，オイラーの公式が得られる．

実数の変数 x_1，x_2 に対しては．$e^{x_1+x_2} = e^{x_1}e^{x_2}$ が成り立つが，変数が虚数の場合も

$$e^{i(\theta_1+\theta_2)} = e^{i\theta_1}e^{i\theta_2} \tag{3.10}$$

が成り立つ．この式の左辺は，オイラーの公式より $\cos(\theta_1 + \theta_2) + i\sin(\theta_1 + \theta_2)$ だが，加法定理を用いて変形すると

$$\begin{aligned}
\cos(\theta_1 + \theta_2) + i\sin(\theta_1 + \theta_2) &= \cos\theta_1\cos\theta_2 - \sin\theta_1\sin\theta_2 \\
&\quad + i(\sin\theta_1\cos\theta_2 + \cos\theta_1\sin\theta_2) \\
&= (\cos\theta_1 + i\sin\theta_1)(\cos\theta_2 + i\sin\theta_2)
\end{aligned} \tag{3.11}$$

となり，式 (3.10) が証明される．

オイラーの公式を用いると，複素数の極形式は次のように書くことができる．

$$z = r(\cos\theta + i\sin\theta) = re^{i\theta} \tag{3.12}$$

3.1 複素数の関数 **81**

また，$z_1 = r_1 e^{i\theta_1}$, $z_2 = r_2 e^{i\theta_2}$ に対し，

$$z_1 z_2 = r_1 r_2 e^{i(\theta_1 + \theta_2)}, \quad \frac{z_1}{z_2} = \frac{r_1}{r_2} e^{i(\theta_1 - \theta_2)} \tag{3.13}$$

が成り立つ.

$z = re^{i\theta}$ の共役複素数は $\overline{z} = re^{-i\theta}$ であることが，以下の式より確認できる.

$$re^{-i\theta} = r\{\cos(-\theta) + i\sin(-\theta)\} = r(\cos\theta - i\sin\theta) = \overline{z} \tag{3.14}$$

これより，以下の式が示される．なお，$z_1 = r_1 e^{i\theta_1}$, $z_2 = r_2 e^{i\theta_2}$ とする（式 (3.1) の形式を使っても示すことができるが，極形式を用いたほうが容易である）.

$$z\overline{z} = re^{i\theta} re^{-i\theta} = r^2 \tag{3.15}$$

$$\overline{z_1 z_2} = r_1 r_2 e^{-i(\theta_1 + \theta_2)} = r_1 e^{-i\theta_1} r_2 e^{-i\theta_2} = \overline{z_1}\ \overline{z_2} \tag{3.16}$$

例題 3.1 次のド・モアブルの公式を証明せよ.

$$(\cos\theta + i\sin\theta)^n = \cos n\theta + i\sin n\theta \quad （n は自然数）$$

....

解 $z = \cos\theta + i\sin\theta = e^{i\theta}$ に対して，式 (3.10) より $z^2 = e^{i2\theta}$, 同様に繰り返すと，$z^n = e^{in\theta} = \cos n\theta + i\sin n\theta$ となる．これで証明された.

例題 3.2 $(1 + i)^4$ を計算せよ.

....

解 $z = 1 + i = 2^{\frac{1}{2}} e^{i\frac{\pi}{4}}$ より，$z^4 = 2^2 e^{i\pi} = -4$ となる．以下のように二項定理を使って展開して計算しても，もちろん同じ値が得られる.

$$1 + 4i - 6 - 4i + 1 = -4$$

極形式を用いて，複素数の n 乗根（n は自然数）を求めることができる．$z = re^{i\theta}$ の n 乗根 $z^{\frac{1}{n}}$ を $w = r_w e^{i\varphi}$ とおく．$w^n = z$ であるので，

$$r_w^n = r, \quad e^{in\varphi} = e^{i\theta} \tag{3.17}$$

である．この第 1 式より，

$$r_w = r^{\frac{1}{n}} = \sqrt[n]{r} \tag{3.18}$$

である．第 2 式より，$n\varphi = \theta$ と考えたくなるが，偏角は 2π 変化しても値は変わらないので，式 (3.17) の第 2 式が成り立つ φ の値は，k を整数として $n\varphi = \theta + 2k\pi$，すなわち

$$\varphi = \frac{\theta}{n} + \frac{2k\pi}{n} \tag{3.19}$$

と書ける．k が任意の整数で式 (3.17) は成り立つが，たとえば $k = n$ のときは $\varphi = \frac{\theta}{n} + 2\pi$ となって，$e^{i\varphi}$ の値は $k = 0$ $\left(\varphi = \frac{\theta}{n}\right)$ のときと同じになる．また，たとえば $k = -1$ のときは $\varphi = \frac{\theta}{n} - \frac{2\pi}{n}$ であるが，これに 2π を足せば $\frac{\theta}{n} + \frac{2(n-1)\pi}{n}$ となるので，$e^{i\varphi}$ は $k = n-1$ のときと同じ値になる．このように，$k \geq n, k < 0$ の場合は，$k = 0, 1, \ldots, n-1$ のいずれかの場合と同じ複素数を表すことになる．よって，k の値は $0, 1, \ldots, n-1$ の n 個を考えればよい．結局，n 乗根は n 個あり，次式で与えられる．

$$z^{\frac{1}{n}} = r^{\frac{1}{n}} e^{i\left(\frac{\theta + 2k\pi}{n}\right)} \quad (k = 0, 1, \ldots, n-1) \tag{3.20}$$

この式が示すように，n 乗根は，一つの z に対し値が複数ある多価関数である．多価関数のそれぞれの値を**分枝**または**分岐**という．

例題 3.3 1 の 3 乗根 $1^{\frac{1}{3}}$ を求めよ．

解 1 の極形式では $r = 1, \theta = 0$ であるので，

$$1^{\frac{1}{3}} = e^{i\left(\frac{2k\pi}{3}\right)} \quad (k = 0, 1, 2)$$

となる．つまり，e^0，$e^{i\frac{2\pi}{3}}$，$e^{i\frac{4\pi}{3}}$ の三つである．これを複素平面にプロットすると図 3.2 のようになり，$\frac{2\pi}{3}$ ずつ偏角がずれた三つの点になる．

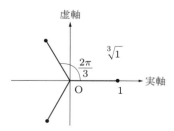

図 3.2 複素平面上にプロットされた 1 の 3 乗根

3.1.3 ◆ 指数関数と三角関数

変数が虚数 $i\theta$ の場合の指数関数は，オイラーの公式で与えられる．変数が一般の複素数 $z = x + iy$ のときは，指数関数は以下の式で定義される．

$$e^z = e^{x+iy} = e^x e^{iy} = e^x(\cos y + i \sin y) \tag{3.21}$$

複素変数についても，

$$e^{z_1 + z_2} = e^{z_1} e^{z_2} \tag{3.22}$$

が成り立つ．

次に，複素変数の三角関数を定義する．オイラーの公式 (3.4) と $e^{-i\theta} = \cos\theta - i\sin\theta$ より

$$\cos\theta = \frac{e^{i\theta} + e^{-i\theta}}{2}, \quad \sin\theta = \frac{e^{i\theta} - e^{-i\theta}}{2i} \tag{3.23}$$

である．複素数の変数に対しても，これと同様に，以下の式で三角関数を定義する．

$$\cos z = \frac{e^{iz} + e^{-iz}}{2}, \quad \sin z = \frac{e^{iz} - e^{-iz}}{2i} \tag{3.24}$$

複素数には実数も含まれるのであるから，この式は z が実数の場合も使える．たとえば，$z = \dfrac{\pi}{2}$ を代入してみよう．$e^{i\frac{\pi}{2}} = i$, $e^{-i\frac{\pi}{2}} = -i$ であるから，たしかに $\cos\left(\dfrac{\pi}{2}\right) = 0$, $\sin\left(\dfrac{\pi}{2}\right) = 1$ となる．

複素数の三角関数に対しても，実数の三角関数と同様に次式が成り立つ（章末問題 3.2）．

$$\cos^2 z + \sin^2 z = 1 \tag{3.25}$$

$$\begin{aligned}
&\sin(z_1 + z_2) = \sin z_1 \cos z_2 + \cos z_1 \sin z_2, \\
&\cos(z_1 + z_2) = \cos z_1 \cos z_2 - \sin z_1 \sin z_2 \quad \text{（加法定理）}
\end{aligned} \tag{3.26}$$

三角関数に類似の関数である双曲線関数 cosh, sinh（それぞれハイパボリックコサイン，ハイパボリックサインと読む）は，次式で定義される．

$$\cosh z = \frac{e^z + e^{-z}}{2}, \quad \sinh z = \frac{e^z - e^{-z}}{2} \tag{3.27}$$

84　第3章　複素解析

cosh, sinh が $\cosh^2 z - \sinh^2 z = 1$ を満たすことは容易に確かめられる（$y^2 - x^2 = 1$ あるいは $x^2 - y^2 = 1$ が表す曲線を双曲線という）.

例題 3.4　$\cos \overline{z} = \overline{\cos z}$ であることを証明せよ.

解　まず, $e^{\overline{z}} = \overline{e^z}$ を示そう（証明には直接は使わないが）. $z = x + iy$ に対して $\overline{z} = x - iy$ であり,

$$e^{\overline{z}} = e^{x-iy} = e^x(\cos y - i \sin y) = \overline{e^x(\cos y + i \sin y)} = \overline{e^z}$$

となる. 同様にして, $e^{i\overline{z}} = \overline{e^{-iz}}$ であることが示される.

$$e^{i\overline{z}} = e^{ix+y} = e^y(\cos x + i \sin x) = \overline{e^y(\cos x - i \sin x)} = \overline{e^{(y-ix)}} = \overline{e^{-iz}}$$

また, $e^{-i\overline{z}} = \overline{e^{iz}}$ である. 以上の式を用いれば,

$$\cos \overline{z} = \frac{e^{i\overline{z}} + e^{-i\overline{z}}}{2} = \frac{\overline{e^{-iz}} + \overline{e^{iz}}}{2} = \frac{\overline{(e^{iz} + e^{-iz})}}{2} = \overline{\cos z}$$

が成り立つ. 同様にして, $\sin \overline{z} = \overline{\sin z}$ であることを示すことができる（章末問題 3.3）.

3.1.4 ◆ 対数関数と逆三角関数

対数関数 $\log z$ は, 指数関数の逆関数である. すなわち,

$$w = \log z, \quad z = e^w \tag{3.28}$$

である. $z = re^{i\theta}$ とし, $\log z$ の実部, 虚部をそれぞれ u, v とする.

$$\log z = w = u + iv \tag{3.29}$$

$e^w = e^u e^{iv} = re^{i\theta}$ より $e^u = r$, $e^{iv} = e^{i\theta}$ であるが, 偏角は 2π 変化しても値は変わらないので,

$$u = \log r, \quad v = \theta + 2n\pi \quad (n \text{ は任意の整数}) \tag{3.30}$$

となる. よって, $\log z$ は

$$\log z = \log r + i(\theta + 2n\pi) \tag{3.31}$$

と書くことができ,

$$w_0 = \log r + i\theta, \quad w_{\pm 1} = \log r + i(\theta \pm 2\pi), \quad \dots,$$

$$w_{\pm n} = \log r + i(\theta \pm 2n\pi), \quad \dots \tag{3.32}$$

のように無限個の分枝をもつ.

複素数のべき乗 z^a（z, a ともに複素数）は，log を用いて次のように定義される.

$$z^a = (e^{\log z})^a = e^{a \log z} \tag{3.33}$$

対数関数 log が無限個の分枝をもつので，べき乗も無限個の分枝をもつ.

例題 3.5 i^i を求めよ.

解 $i = 1e^{i\frac{\pi}{2}}$, $\log i = i\left(\dfrac{\pi}{2} + 2n\pi\right)$ であるので，

$$i^i = e^{i\log i} = e^{-(\frac{\pi}{2} + 2n\pi)}$$

となる. つまり，i^i は実数である.

次に，三角関数の逆関数である逆三角関数

$$\cos^{-1}, \quad \sin^{-1}, \quad \tan^{-1} \quad （\text{または } \arccos, \ \arcsin, \ \arctan）$$

を考えよう（「アークコサイン」のように読む）. 実関数の場合は，たとえば $\sin^{-1} x$ は，「sin の値が x になる角度」を意味した. 一方，複素関数である sin の逆関数は次式で与えられる.

$$\sin^{-1} z = \frac{1}{i} \log(iz \pm \sqrt{1 - z^2}) \tag{3.34}$$

この式を導くため，$w = \sin^{-1} z$ とおく. 三角関数の定義（式 (3.24)）より

$$z = \sin w = \frac{e^{iw} - e^{-iw}}{2i} \tag{3.35}$$

となる. これを変形すると

$$(e^{iw})^2 - 2iz(e^{iw}) - 1 = 0 \quad \text{よって} \quad e^{iw} = iz \pm \sqrt{1 - z^2}$$

となり，これより w を求めれば，式 (3.34) が得られる.

cos, tan の逆関数についても，同様な計算により，

$$\cos^{-1} z = \frac{1}{i} \log(z \pm \sqrt{z^2 - 1}), \quad \tan^{-1} z = \frac{1}{2i} \log \frac{1 + iz}{1 - iz} \tag{3.36}$$

が導かれる（章末問題 3.4）.

例題 3.6 $\sin^{-1} 1$ を求めよ．

解 式 (3.34) に $z = 1$ を代入すると，$\sin^{-1} 1 = \dfrac{1}{i} \log i = \dfrac{\pi}{2} + 2n\pi$ （n は任意の整数）となって，sin が 1 になる角度が得られる．

3.2 複素関数の微分

複素関数の微分では，実関数にはないやっかいな問題がある．そのやっかいさが理解できれば，以後で重要なコーシー・リーマンの式も理解しやすくなる．

3.2.1 ◆ コーシー・リーマンの式と正則関数

複素関数の微分は次式で定義される．

$$\frac{df(z)}{dz} = f'(z) = \lim_{\Delta z \to 0} \frac{f(z + \Delta z) - f(z)}{\Delta z} \tag{3.37}$$

この定義は，実関数の微分の定義と見かけは同じである．しかし，$\Delta z = \Delta x + i\Delta y$ は実部，虚部をもつ．したがって，Δz のとり方は 1 通りではなく，たとえば図 3.3 のように $\Delta z = \Delta x$ $(\Delta y = 0)$ とすることもできるし，$\Delta z = i\Delta y$ $(\Delta x = 0)$ とすることもできる．例として $f(z) = \bar{z}$ という関数を考え，式 (3.37) の値を求めてみよう．

$$\frac{f(z + \Delta z) - f(z)}{\Delta z} = \frac{\Delta x - i\Delta y}{\Delta x + i\Delta y}$$

であるが，$\Delta y = 0$ とし $\Delta z = \Delta x \to 0$ としたときはこの式の値は $+1$，$\Delta x = 0$ とし $\Delta z = i\Delta y \to 0$ としたときは -1 になる．式の値が Δz のとり方によらないなら $f(z)$ は微分可能であるが，このように Δz のとり方によって値が異なるなら，微分の値は定義できない．つまり，微分は不可能である．ある領域のすべての点で f が微分可能であるとき，その領域で f は **正則関数** (regular function) であるという．

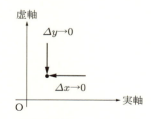

図 3.3 複素関数を微分するときの，極限 $(\Delta z \to 0)$ のとり方の例

3.2 複素関数の微分　　*87*

　実部，虚部がそれぞれ $u(z) = u(x, y)$, $v(z) = v(x, y)$ である関数 $f(z) = u(z) + iv(z)$ が微分可能であるとき，次の**コーシー・リーマンの式** (Cauchy-Riemann equations) が成り立つ．

$$\frac{\partial u}{\partial x} = \frac{\partial v}{\partial y}, \quad -\frac{\partial u}{\partial y} = \frac{\partial v}{\partial x} \tag{3.38}$$

また，f の導関数は次式で与えられる．

$$\frac{df(z)}{dz} = \frac{\partial u}{\partial x} + i\frac{\partial v}{\partial x} = \frac{\partial v}{\partial y} - i\frac{\partial u}{\partial y} \tag{3.39}$$

これを示すため，$\Delta z = \Delta x \ (\Delta y = 0)$ である場合を考える．このとき，

$$
\begin{aligned}
\frac{df(z)}{dz} &= \lim_{\Delta x \to 0} \frac{f(z + \Delta z) - f(z)}{\Delta x} \\
&= \lim_{\Delta x \to 0} \left(\frac{u(x + \Delta x, y) - u(x, y)}{\Delta x} + i\frac{v(x + \Delta x, y) - v(x, y)}{\Delta x} \right) = \frac{\partial u}{\partial x} + i\frac{\partial v}{\partial x}
\end{aligned}
\tag{3.40}
$$

が成り立つ．次に，$\Delta z = i\Delta y (\Delta x = 0)$ である場合を考えると，

$$
\begin{aligned}
\frac{df(z)}{dz} &= \lim_{\Delta y \to 0} \frac{f(z + \Delta z) - f(z)}{i\Delta y} \\
&= \lim_{\Delta y \to 0} \left(-i\frac{u(x, y + \Delta y) - u(x, y)}{\Delta y} + \frac{v(x, y + \Delta y) - v(x, y)}{\Delta y} \right) = \frac{\partial v}{\partial y} - i\frac{\partial u}{\partial y}
\end{aligned}
\tag{3.41}
$$

が成り立つ．$f(z)$ が微分可能であるためには，この二つの式は等しくなければならない．実部，虚部がそれぞれ等しいことより，コーシー・リーマンの式が得られる．

3.2.2◆代表的な複素関数の微分

　$f(z) = z^n$（n は自然数）は，z の全域（複素数全体）で正則であり，

$$\frac{dz^n}{dz} = nz^{n-1} \tag{3.42}$$

である．

例題 3.7　$n = 2$ について，式 (3.42) を確認せよ．

解　$f(z) = (x + iy)^2 = x^2 - y^2 + i2xy$ より $u = x^2 - y^2$, $v = 2xy$ であるので，

88　第3章　複素解析

$$\frac{\partial u}{\partial x} = 2x, \quad \frac{\partial v}{\partial y} = 2x, \quad -\frac{\partial u}{\partial y} = 2y, \quad \frac{\partial v}{\partial x} = 2y$$

となる．よって，コーシー・リーマンの式が成り立ち，

$$f'(z) = 2x + i2y = 2z$$

である．一般の n については，数学的帰納法を用いて証明できる（章末問題 3.6）．

次に，指数関数を考えよう．$e^z = e^{x+iy} = e^x(\cos y + i \sin y)$ より，$u = e^x \cos y$,
$v = e^x \sin y$ であるので，

$$\frac{\partial u}{\partial x} = e^x \cos y, \quad \frac{\partial v}{\partial y} = e^x \cos y, \quad -\frac{\partial u}{\partial y} = e^x \sin y, \quad \frac{\partial v}{\partial x} = e^x \sin y \tag{3.43}$$

となってコーシー・リーマンの式が成り立つ．また，導関数は

$$\frac{de^z}{dz} = e^x \cos y + ie^x \sin y = e^z \tag{3.44}$$

で与えられ，実関数と同じように，指数関数は微分しても変わらない．

例題 3.8　e^{iz} が正則であることを示し，その導関数を求めよ．

解　$e^{iz} = e^{ix-y} = e^{-y}(\cos x + i \sin x)$ より，$u = e^{-y} \cos x, v = e^{-y} \sin x$ であるので，

$$\frac{\partial u}{\partial x} = -e^{-y} \sin x, \quad \frac{\partial v}{\partial y} = -e^{-y} \sin x, \quad -\frac{\partial u}{\partial y} = e^{-y} \cos x, \quad \frac{\partial v}{\partial x} = e^{-y} \cos x$$

となり，正則である．また，導関数は以下で与えられる．

$$\frac{de^{iz}}{dz} = e^{-y}(-\sin x + i \cos x) = ie^{iz}$$

上の例題の結果と式 (3.24) を用いれば，三角関数も正則であり，その導関数は，実関数と同様に

$$\frac{d \sin z}{dz} = \frac{d}{dz}\left(\frac{e^{iz} - e^{-iz}}{2i}\right) = \frac{ie^{iz} + ie^{-iz}}{2i} = \cos z \tag{3.45}$$

$$\frac{d \cos z}{dz} = \frac{d}{dz}\left(\frac{e^{iz} + e^{-iz}}{2}\right) = \frac{ie^{iz} - ie^{-iz}}{2} = -\sin z \tag{3.46}$$

となることがわかる．

3.2.3◆複素関数を用いた微分方程式の解法例（振動と電気回路）

複素指数関数は，力学の振動や電気回路などの解析によく用いられる．ばねとおも

りの振動や交流回路では，時刻 t における物理量（おもりの位置・速さ，回路の電流・電圧）が三角関数 $\cos\omega t$，$\sin\omega t$ で表される．

オイラーの公式 (3.4) より，

$$\cos\omega t = \text{Re}(e^{i\omega t}) \tag{3.47}$$

である．また，例題 3.8 で $z = \omega t$ とすれば，

$$\frac{de^{i\omega t}}{dt} = \frac{de^{i\omega t}}{d(\omega t)}\frac{d(\omega t)}{dt} = i\omega e^{i\omega t} \tag{3.48}$$

であることがわかるが，この式の実部をとれば，

$$\text{Re}\left(\frac{de^{i\omega t}}{dt}\right) = \text{Re}(i\omega e^{i\omega t}) = -\omega\sin\omega t \tag{3.49}$$

となる．つまり，$e^{i\omega t}$ に $i\omega$ を掛けて実部をとれば，$\cos\omega t$ を t で微分した答えである $-\omega\sin\omega t$ が得られる．

これらを踏まえ，次のような解析を行う．

・三角関数で表される変化をしている物理量 $x(t)$ に対し，$x(t) = \text{Re}(Xe^{i\omega t})$ となるような複素関数 $Xe^{i\omega t}$ を考える（X は複素数）．
・$x(t)$ が満たす微分方程式に $Xe^{i\omega t}$ を代入する．このとき，複素指数関数の性質より，$\frac{d}{dt} \to i\omega$ と置き換える．
・得られた方程式を満たす X を求め，$Xe^{i\omega t}$ の実部をとって $x(t)$ を得る．

例として，ばねとおもりの系での強制振動を考えよう．図 3.4 に示すように，ばね（ばね定数 K）につながれたおもり（質量 m）に外力が作用して運動している．おもりは床から速度に比例する摩擦力を受けるとする．また，外力は $F\cos\omega t$ で表される．このとき，おもりの位置 $x(t)$ が満たす微分方程式は，摩擦の大きさを表す定数 Γ を用いて

$$m\frac{d^2x(t)}{dt^2} + \Gamma\frac{dx(t)}{dt} + Kx(t) = F\cos\omega t$$
$$\frac{d^2x(t)}{dt^2} + \gamma\frac{dx(t)}{dt} + \omega_0^2 x(t) = f_0\cos\omega t \quad \left(\omega_0 = \sqrt{\frac{K}{m}}, f_0 = \frac{F}{m}, \gamma = \frac{\Gamma}{m}\right) \tag{3.50}$$

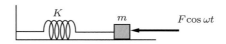

図 3.4 摩擦のある，ばねとおもりの強制振動

と書くことができる．十分時間が経過したあとは，おもりは外力の周波数で運動する．

この問題に，複素関数を用いる．すなわち，

$$x(t) = \mathrm{Re}(Xe^{i\omega t}), \quad f_0 \cos\omega t = \mathrm{Re}(f_0 e^{i\omega t}) \tag{3.51}$$

とおいて，次式を考える．

$$\frac{d^2 Xe^{i\omega t}}{dt^2} + \gamma\frac{dXe^{i\omega t}}{dt} + \omega_0^2 Xe^{i\omega t} = f_0 e^{i\omega t} \tag{3.52}$$

$\frac{d}{dt} \to i\omega$ と置き換え，$e^{i\omega t}$ で割れば，次式が得られる．

$$-\omega^2 X + i\omega\gamma X + \omega_0^2 X = f_0 \tag{3.53}$$

この式を解けば，X は以下のように求められる．

$$X = \frac{f_0}{\omega_0^2 - \omega^2 + i\gamma\omega} \tag{3.54}$$

この式の分母の絶対値は $\sqrt{(\omega_0^2 - \omega^2)^2 + \gamma^2\omega^2}$ であり，偏角は $\tan^{-1}\left(\frac{\gamma\omega}{\omega_0^2 - \omega^2}\right)$ であるので，$x(t)$ は次のように書ける．

$$\begin{aligned}x(t) &= \mathrm{Re}\left(Xe^{i\omega t}\right) = \mathrm{Re}\left(\frac{f_0}{\sqrt{(\omega_0^2 - \omega^2)^2 + \gamma^2\omega^2}}e^{i\omega t - \varphi}\right) \\ &= \frac{f_0}{\sqrt{(\omega_0^2 - \omega^2)^2 + \gamma^2\omega^2}}\cos(\omega t - \varphi) \quad \left(\varphi = \tan^{-1}\left(\frac{\gamma\omega}{\omega_0^2 - \omega^2}\right)\right)\end{aligned} \tag{3.55}$$

この式が示すように，摩擦があると，$\cos\omega t$ という外力に対し，おもりの動きは $\cos(\omega t - \varphi)$ となる（φ だけ位相がずれる）．

次に，図 3.5 に示すような，コイル L，抵抗 R，コンデンサ C からなる電気回路を考える．回路には交流電源がつながれ，その電源電圧は $E\cos\omega t$ である．コンデンサの両端の電圧を $v(t)$ とすると，回路の電流 $i(t)$ は $i(t) = C\dfrac{dv(t)}{dt}$ である（以下，「i」が虚数単位ではなく電流を表すときは $i(t)$ と書く）．コイル L の両端の電圧は $L\dfrac{di(t)}{dt}$ であるので，回路の方程式は以下のように書ける．

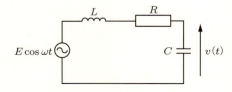

図 3.5 RLC 直列回路（交流電源の場合）

$$L\frac{di(t)}{dt} + Ri(t) + v(t) = LC\frac{d^2v(t)}{dt^2} + RC\frac{dv(t)}{dt} + v(t) = E\cos\omega t \quad (3.56)$$

ここで，上の振動の場合と同じように，複素関数を導入する．

$$v(t) = \mathrm{Re}(Ve^{i\omega t}), \quad E\cos\omega t = \mathrm{Re}(Ee^{i\omega t}) \quad (3.57)$$

$$LC\frac{d^2Ve^{i\omega t}}{dt^2} + RC\frac{dVe^{i\omega t}}{dt} + Ve^{i\omega t} = Ee^{i\omega t} \quad (3.58)$$

$$-\omega^2 V + i\omega\frac{R}{L}V + \frac{1}{LC}V = \frac{E}{LC} \quad (3.59)$$

式 (3.58), (3.59) は上の式 (3.52), (3.53) と同じ形の式であり，ω_0 が $\sqrt{\frac{1}{LC}}$，γ が $\frac{R}{L}$ に対応していることがわかる．式 (3.59) より，V および $v(t)$ が以下のように求められる．

$$V = \frac{E}{-LC\omega^2 + i\omega RC + 1} = \frac{1}{i\omega C}\frac{E}{i\omega L + R + (1/i\omega C)} \quad (3.60)$$

$$v(t) = \mathrm{Re}(Ve^{i\omega t}) = \frac{E}{\sqrt{(1-LC\omega^2)^2 + (\omega RC)^2}}\cos(\omega t - \varphi)$$

$$\left(\varphi = \tan^{-1}\left(\frac{\omega RC}{1-LC\omega^2}\right)\right) \quad (3.61)$$

例題 3.9 図 3.5 の回路の電流を $i(t) = \mathrm{Re}(Ie^{i\omega t})$ と表す．まず I の式を求め，それより $i(t)$ を求めよ．

解 $i(t) = C\dfrac{dv(t)}{dt}$ であり，$\dfrac{d}{dt} \to i\omega$ と置き換えられることを考えれば，以下の式が得られる．

$$I = i\omega CV = \frac{i\omega CE}{-LC\omega^2 + i\omega RC + 1} = \frac{E}{i\omega L + R + (1/i\omega C)}$$

$$i(t) = \mathrm{Re}(Ie^{i\omega t}) = \frac{-\omega CE}{\sqrt{(1-LC\omega^2)^2 + (\omega RC)^2}}\sin(\omega t - \varphi)$$

3.3 複素関数の積分

第 2 章の 2.4.1 項で線積分を学んだ．複素数 $z = x + iy$ も 2 次元平面のベクトルと同じように x, y 成分があるので，複素関数の積分すなわち複素積分は，2 次元平面の線積分と共通点がある．しかし，もちろん違う点もある．以下，どこが似ていてどこが違うか，考えながら読み進めていこう．

3.3.1 ◆ 複素積分

複素関数の積分の積分経路は，複素平面という 2 次元平面の曲線として与えられる．そして，その積分経路が変数 t を用いて，$z(t)$ と表されるとき，積分は以下のように表される．

$$\int f(z)\,dz = \int f(z(t))\frac{dz(t)}{dt}dt \tag{3.62}$$

ここで，$f(z)$ も $\dfrac{dz(t)}{dt}$ も実部，虚部をもっている．$f(z(t)) = u(t) + iv(t)$, $z(t) = x(t) + iy(t)$ とすると，上の積分は

$$\begin{aligned}\int f(z)dz &= \int (u+iv)\left(\frac{dx}{dt} + i\frac{dy}{dt}\right)dt \\ &= \int \left(u\frac{dx}{dt} - v\frac{dy}{dt}\right)dt + i\int \left(u\frac{dy}{dt} + v\frac{dx}{dt}\right)dt\end{aligned} \tag{3.63}$$

と書ける．

例題 3.10 図 3.6 に示す二つの積分経路 C_1, C_2 がそれぞれ

$$C_1 : z = 1 - t + it \quad (x(t) = 1-t, y(t) = t) \quad (0 \le t \le 1)$$
$$C_2 : z = \cos t + i\sin t \quad (x(t) = \cos t, y(t) = \sin t) \quad \left(0 \le t \le \frac{\pi}{2}\right)$$

と与えられるとき，$f(z) = z^2$ を，$z = 1$ から $z = i$ まで積分せよ．

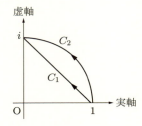

図 3.6 二つの積分経路 C_1, C_2

解 $f(z) = (x+iy)^2 = x^2 + i2xy - y^2$ より $u = x^2 - y^2$, $v = 2xy$ であるので，

$$\int_{C_1} f(z)dz = \int_0^1 \left[-\left\{(1-t)^2 - t^2\right\} - 2(1-t)t\right]dt$$
$$+ i\int_0^1 \left[\left\{(1-t)^2 - t^2\right\} - 2(1-t)t\right]dt = -\frac{1}{3} - i\frac{1}{3}$$

$$\int_{C_2} f(z)dz = \int_0^{\frac{\pi}{2}} \left\{ (\cos^2 t - \sin^2 t)(-\sin t) - 2\cos t \sin t \cos t \right\} dt$$

$$+ i \int_0^{\frac{\pi}{2}} \left\{ (\cos^2 t - \sin^2 t)\cos t + 2\cos t \sin t(-\sin t) \right\} dt$$

$$= \int_0^{\frac{\pi}{2}} (\sin^3 t - 3\cos^2 t \sin t)dt + i \int_0^{\frac{\pi}{2}} (\cos^3 t - 3\sin^2 t \cos t)dt$$

$$= \int_0^{\frac{\pi}{2}} (\sin t - 4\cos^2 t \sin t)dt + i \int_0^{\frac{\pi}{2}} (\cos t - 4\sin^2 t \cos t)dt = -\frac{1}{3} - i\frac{1}{3}$$

となる. C_2 に沿った積分は，オイラーの公式を用いれば，次のようにも計算できる.

$$C_2 \ : \ z = \cos t + i \sin t = e^{it} \quad \left(\frac{dz}{dt} = ie^{it} \right) \quad \left(0 \le t \le \frac{\pi}{2} \right)$$

$$\int_{C_2} f(z)dz = \int_0^{\frac{\pi}{2}} (e^{it})^2 ie^{it} dt = i \int_0^{\frac{\pi}{2}} e^{i3t} dt = \frac{1}{3} \left[e^{i3t} \right]_0^{\frac{\pi}{2}} = -\frac{1}{3} - i\frac{1}{3}$$

このように，C_1, C_2 に沿った積分は同じ値になる.

例題 3.11 例題 3.10 と同じ二つの積分経路で，$f(z) = (\overline{z})^2 = x^2 - y^2 - i2xy$ を積分せよ.

......

解 $\displaystyle \int_{C_1} f(z)dz = \int_0^1 \left[-\left\{ (1-t)^2 - t^2 \right\} + 2(1-t)t \right] dt$

$$+ i \int_0^1 \left[\left\{ (1-t)^2 - t^2 \right\} + 2(1-t)t \right] dt = \frac{1}{3} + i\frac{1}{3}$$

$$\int_{C_2} f(z)dz = \int_0^{\frac{\pi}{2}} \left\{ (\cos^2 t - \sin^2 t)(-\sin t) + 2\cos t \sin t \cos t \right\} dt$$

$$+ i \int_0^{\frac{\pi}{2}} \left\{ (\cos^2 t - \sin^2 t)\cos t - 2\cos t \sin t(-\sin t) \right\} dt$$

$$= \int_0^{\frac{\pi}{2}} (\sin^3 t + \cos^2 t \sin t)dt + i \int_0^{\frac{\pi}{2}} (\cos^3 t + \sin^2 t \cos t)dt = 1 + i$$

または，$\displaystyle \int_{C_2} f(z)dz = \int_0^{\frac{\pi}{2}} (e^{-it})^2 ie^{it} dt = i \int_0^{\frac{\pi}{2}} e^{-it} dt = \left[-e^{-it} \right]_0^{\frac{\pi}{2}} = 1 + i$ となって，積分経路によって異なる値になる.

例題 3.12 以下の積分を計算せよ.

$$\int_C \frac{1}{(z-a)^n} dz$$

（n は自然数，C は $z = a$ を中心とする半径 R の円，積分経路の向きは図 3.7 のとおり）

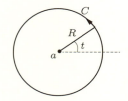

図 3.7 積分経路(半径 R の円)

解 C の式は $z = a + Re^{it}$ $(0 \leq t \leq 2\pi)$ であり，$\dfrac{dz}{dt} = iRe^{it}$ である．
$n = 1$ のときは

$$\int_C \frac{1}{z-a} dz = \int_0^{2\pi} \frac{1}{Re^{it}} (iRe^{it}) dt = \int_0^{2\pi} i\, dt = 2\pi i$$

となって，R に依存しない値 $2\pi i$ になる．n が $n > 1$ の自然数のときは，

$$\int_C \frac{1}{(z-a)^n} dz = \int_0^{2\pi} \frac{1}{R^n e^{int}} (iRe^{it}) dt$$

$$= \frac{i}{R^{n-1}} \int_0^{2\pi} e^{-i(n-1)t}\, dt = \frac{i}{R^{n-1}} \left[\frac{-e^{-i(n-1)t}}{i(n-1)} \right]_0^{2\pi} = 0$$

とゼロになる $(e^{-i(n-1)2\pi} = 1)$．以下で見るように，$n = 1$ の積分は特別に重要である．

3.3.2 ◆ コーシーの積分定理

前項の例題 3.10 では，始点と終点がそれぞれ同じ二つの異なる積分経路で z^2 を積分したところ，同じ値が得られた．それに対し，例題 3.11 で示したように，$\bar{z}^2$ は経路によって値が異なった．3.2.2 項で示したように，z^2 は正則な関数だが，$\bar{z}$ は正則ではなく，$\bar{z}^2$ も正則ではない．このことから，積分の値が経路で異なるかどうかは，関数が正則かどうかにかかわっていることが予想される．そのことを示しているのが，本項で述べるコーシーの積分定理である．

まず，その積分定理の証明に必要な**グリーンの定理**を示そう．2.5.2 項で述べたストークスの定理

$$\int_C \boldsymbol{a} \cdot d\boldsymbol{r} = \int_S (\nabla \times \boldsymbol{a}) \cdot \boldsymbol{n}\, dS \tag{3.64}$$

において，$\boldsymbol{a}$ の z 成分がゼロであるとし，領域 S は xy 平面にあるとしよう（S の周囲を C とする．C は閉曲線である）．すると，以下のようになる．

$$\boldsymbol{a} = a_x \boldsymbol{i} + a_y \boldsymbol{j}, \quad \boldsymbol{r} = (x, y, 0), \quad d\boldsymbol{r} = dx\boldsymbol{i} + dy\boldsymbol{j}, \quad \boldsymbol{n} = \boldsymbol{k}$$

式 (3.64) の左辺の積分は $\int_C \left(a_x \dfrac{dx}{dt} + a_y \dfrac{dy}{dt} \right) dt = \int_C (a_x dx + a_y dy)$ である．右辺は，$(\nabla \times \boldsymbol{a})$ の z 成分だけ考えればよく，また $dS = dx\,dy$ と考えてよいので，$\int_S \left(\dfrac{\partial a_y}{\partial x} - \dfrac{\partial a_x}{\partial y} \right) dx dy$ となる．ここで，a_x を関数 $p(x, y)$，a_y を関数 $q(x, y)$ と書けば，

$$\int_C (pdx + qdy) = \int_S \left(\frac{\partial q}{\partial x} - \frac{\partial p}{\partial y} \right) dxdy \tag{3.65}$$

となる．これがグリーンの定理である．

次に，積分定理を証明するために，式 (3.63) を以下のように書き換える．

$$\begin{aligned}
\int_C f(z)\,dz &= \int_C \left(u\frac{dx}{dt} - v\frac{dy}{dt} \right) dt + i \int_C \left(u\frac{dy}{dt} + v\frac{dx}{dt} \right) dt \\
&= \int_C (udx - vdy) + i \int_C (udy + vdx)
\end{aligned} \tag{3.66}$$

ここでグリーンの定理を使う．右辺第 1 項に対してはグリーンの定理で $p = u$, $q = -v$，第 2 項に対しては $p = v$, $q = u$ とすれば，

$$\int_C f(z)\,dz = \int_S \left(-\frac{\partial v}{\partial x} - \frac{\partial u}{\partial y} \right) dxdy + i \int_S \left(\frac{\partial u}{\partial x} - \frac{\partial v}{\partial y} \right) dxdy \tag{3.67}$$

となる．$f(z)$ が正則なら，コーシー・リーマンの式 (3.38) が成り立ち，上式はゼロとなる．つまり，f がある領域で正則であるなら，領域内の閉曲線 C に沿った積分はゼロになる．

$$\int_C f(z)\,dz = 0 \tag{3.68}$$

これが**コーシーの積分定理** (Cauchy's integral theorem) である．

この定理より，正則な関数の積分は，積分経路によらず，始点と終点で決まることがわかる．いま，図 3.8 に示すように，始点を z_1，終点を z_2 とし，任意の二つの積分経路を C_1, C_2 とする．ここで，C_2 の逆向きの経路（z_2 から z_1）を $-C_2$ と表すと，$C_1 - C_2$ は $z_1 \to z_2 \to z_1$ の閉じた閉曲線になる．よって，コーシーの積分定理より

$$\int_{C_1 - C_2} f(z)\,dz = \int_{C_1} f(z)\,dz + \int_{-C_2} f(z)\,dz = 0 \tag{3.69}$$

であるが，$\int_{-C_2} f(z)\,dz = -\int_{C_2} f(z)\,dz$ であるので，

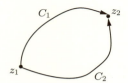

図 3.8 z_1 から z_2 へ至る二つの積分経路 C_1, C_2

$$\int_{C_1} f(z)\,dz = \int_{C_2} f(z)\,dz \tag{3.70}$$

となる.つまり,積分の値は積分経路に依存しない.

では次に,図 3.9(a) に示すように,積分経路 C_1 の中にもう一つ閉じた積分経路 C_2 がある場合を考えよう.そして,C_1 と C_2 の間の領域では $f(z)$ は正則であるとする.図 3.9(b) に示すように,C_1 と C_2 をつないで往復する経路 ($a \to b \to c \to d$) を追加すると,一つの閉じた積分経路ができ,その積分経路を含む領域で関数が正則なので,積分はゼロになる.つまり,

$$\int_{C_1} f(z)\,dz + \int_{ab} f(z)\,dz - \int_{C_2} f(z)\,dz + \int_{cd} f(z)\,dz = 0 \tag{3.71}$$

となる.ここで,C_2 の積分は図 (a) とは逆向きなので符号がマイナスになっている.$a \to b$ の積分と $c \to d$ の積分は,同じ経路を逆向きに積分するので打ち消しあい,結局

$$\int_{C_1} f(z)\,dz = \int_{C_2} f(z)\,dz \tag{3.72}$$

が得られる.つまり,ある閉じた積分経路 C_2 が他の閉じた積分経路 C_1 の中に含まれているとき,両者の積分は同じ値になる.この場合,C_1 と C_2 の間の領域で $f(z)$ が正則であればよく,C_2 の内部に正則ではない点(あるいは領域)が含まれていても,この関係は成り立つ.

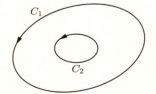
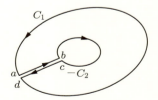

（a）閉じた積分経路 C_1 の中にもう一つの閉じた積分経路 C_2 がある場合

（b）C_1 と C_2 をつないで往復する経路を加える

図 3.9 二つの閉じた積分経路 C_1, C_2

3.3.3 ◆ コーシーの積分公式

$f(z)$ が正則であり,点 $z=a$ が閉曲線 C の内部にあるとき,

$$f(a) = \frac{1}{2\pi i} \int_C \frac{f(z)}{z-a} dz \qquad (3.73)$$

となる.これを**コーシーの積分公式** (Cauchy's integral formula) といい,以下のように証明される.

$z=a$ のまわりに,十分小さい半径 R の円形の積分経路 C_1 を考え,C_1 は C の内部に含まれるとする(図 3.10).$\dfrac{f(z)}{z-a}$ は点 $z=a$ 以外では正則である.この点 a のように,その点を除いて関数が正則であるような点を,**特異点** (singular point) という.C と C_1 の間の領域で $f(z)$ は正則なので,式 (3.72) より,C に沿った積分は C_1 に沿った積分に等しい.C_1 に沿った積分の値を求めるために,次の積分を考える.

$$\int_{C_1} \frac{f(z)-f(a)}{z-a} dz = \int_{C_1} \frac{f(z)}{z-a} dz - \int_{C_1} \frac{f(a)}{z-a} dz$$
$$= \int_{C_1} \frac{f(z)}{z-a} dz - f(a) \int_{C_1} \frac{1}{z-a} dz \qquad (3.74)$$

例題 3.12 より,

$$\int_{C_1} \frac{1}{z-a} dz = 2\pi i \qquad (3.75)$$

であるので,右辺第 2 項は $-2\pi i f(a)$ である.すなわち,

$$\int_{C_1} \frac{f(z)-f(a)}{z-a} dz = \int_{C_1} \frac{f(z)}{z-a} dz - 2\pi i f(a) \qquad (3.76)$$

となる.左辺の積分は,次のようにしてゼロであることが示される.

R を十分小さくとれば(つまり z を a に十分近づければ),$|f(z)-f(a)|$ をいくらでも小さくすることができる.つまり,任意の $\varepsilon > 0$ に対して

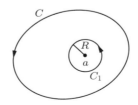

図 3.10 コーシーの積分公式を示すための積分経路 C と C_1

98 第3章 複素解析

$$|f(z) - f(a)| < \varepsilon$$

とすることができる。よって，

$$\left| \int_{C_1} \frac{f(z) - f(a)}{z - a} dz \right| \leq \int_{C_1} \frac{|f(z) - f(a)|}{|z - a|} dz \leq \frac{\varepsilon}{R} \int_{C_1} dz = \frac{\varepsilon}{R} 2\pi R = 2\pi\varepsilon \quad (3.77)$$

であり，$R \to 0$ とすれば $\varepsilon \to 0$ なので，

$$\int_{C_1} \frac{f(z) - f(a)}{z - a} dz \to 0$$

となる。よって，式 (3.76) $= 0$ となり，コーシーの積分公式 (3.73) が得られる。

$f(z)$ の導関数 $f'(z)$ については，次の積分公式が成り立つ。

$$f'(a) = \frac{1}{2\pi i} \int_C \frac{f(z)}{(z-a)^2} dz \quad (3.78)$$

この式を証明するために，$\dfrac{f(a + \Delta z) - f(a)}{\Delta z}$ という式を考える。$a + \Delta z$ が C の内部にあるとして，分子の各項にコーシーの積分公式を用いれば，

$$\frac{f(a + \Delta z) - f(a)}{\Delta z} = \frac{1}{2\pi i \Delta z} \int_C \left(\frac{f(z)}{z - a - \Delta z} - \frac{f(z)}{z - a} \right) dz$$

$$= \frac{1}{2\pi i} \int_C \frac{f(z)}{(z - a - \Delta z)(z - a)} dz \quad (3.79)$$

となる。ここで，$\Delta z \to 0$ とすれば，左辺は $f'(a)$ になるので，式 (3.78) が得られる。

$f'(z)$ に対して上と同様の式をつくれば $f''(z)$ についての積分公式が得られ，それを繰り返せば高次の導関数についての公式

$$f^{(n)}(a) = \frac{n!}{2\pi i} \int_C \frac{f(z)}{(z-a)^{n+1}} dz \quad (3.80)$$

が得られる。

例題 3.13　コーシーの積分公式を使って以下の積分の値を求めよ。

$$I = \int_C \frac{e^z}{z - 2} dz \quad (C \text{ は } z = 2 \text{ を中心とした円})$$

解 被積分関数の特異点は 2 であり，C の内部にある．コーシーの積分公式より

$$e^2 = \frac{1}{2\pi i}\int_C \frac{e^z}{z-2}dz = \frac{I}{2\pi i}$$

となる．よって，$I = 2\pi i e^2$ である．

例題 3.14 同様の例題として，次の積分の値を求めよ．

$$I = \int_C \frac{3z+2}{z^2+1}dz \quad (C \text{ は } z=i \text{ を中心とした半径 } R\,(R<2) \text{ の円})$$

解 被積分関数の特異点は i と $-i$ であるが，i は C の内部，$-i$ は C の外側にある．よって，

$$I = \int_C \frac{f(z)}{z-i}dz, \quad f(z) = \frac{3z+2}{z+i}$$

と書いてコーシーの積分公式を用いれば，以下のように I が得られる．

$$f(i) = \frac{3i+2}{2i} = \frac{1}{2\pi i}\int_C \frac{f(z)}{z-i}dz = \frac{I}{2\pi i}$$

$$I = 2\pi i f(i) = (3i+2)\pi$$

3.4 複素積分を利用した実関数の積分

そのままではとても計算できそうにない実関数の積分が，複素関数を用いることで簡単に計算できる場合がある．そのときに使うのが留数定理なのだが，それを理解するためには，まずローラン展開を学ばなくてはならない．

3.4.1 ◆ テイラー展開とローラン展開

次のような級数（べき級数）を考える．

$$\sum_{n=0}^{\infty} b_n(z-a)^n = b_0 + b_1(z-a) + b_2(z-a)^2 + b_3(z-a)^3 + \cdots + b_n(z-a)^n + \cdots \quad (3.81)$$

ここで，a, b_n は複素数である．実数の級数の場合と同じく，この級数は発散することもあれば，収束することもある．一般に，$|z-a| < R$ となる z に対して収束し，$|z-a| > R$ となる z に対して発散するとき，R をこの級数の収束半径という．

同様に，負べき級数

$$\sum_{n=0}^{\infty} c_n(z-a)^{-n} = c_0 + c_1\frac{1}{z-a} + c_2\frac{1}{(z-a)^2} + \cdots + c_n\frac{1}{(z-a)^n} + \cdots \quad (3.82)$$

についても収束半径 R' が存在し，$\frac{1}{|z-a|} < R'$ なら級数は収束する．

いま，$f(z)$ が正則であるとき，a を中心として半径 R の円内部の z ($|z-a| < R$) に対し，$f(z)$ は次のように展開できる．

$$f(z) = f(a) + \frac{f'(a)}{1!}(z-a) + \frac{f''(a)}{2!}(z-a)^2 + \cdots + \frac{f^{(n)}(a)}{n!}(z-a)^n + \cdots \quad (3.83)$$

これを実数の関数の場合と同じく**テイラー展開**という（付録 A.3 節参照）．また，$a = 0$ とした式

$$f(z) = f(0) + \frac{f'(0)}{1!}z + \frac{f''(0)}{2!}z^2 + \cdots + \frac{f^{(n)}(0)}{n!}z^n + \cdots \quad (3.84)$$

を**マクローリン展開**という．以下，テイラー展開を証明しよう．

図 3.11 のように a を中心とする円を積分経路 C とすると，その内部の z について，コーシーの積分公式

$$f(z) = \frac{1}{2\pi i} \int_C \frac{f(\zeta)}{\zeta - z} d\zeta \quad (3.85)$$

が成り立つ．ここで，積分変数の ζ は円 C 上の点である．また，図からわかるように，z は円 C の内部にあるので $\left|\frac{z-a}{\zeta-a}\right| < 1$ である．よって，式 (3.85) の中の $\frac{1}{\zeta-z}$ は，等比級数の公式を使って以下のように変形できる．

$$\frac{1}{\zeta-z} = \frac{1}{(\zeta-a)-(z-a)} = \frac{1}{\zeta-a} \frac{1}{1-(z-a)/(\zeta-a)}$$
$$= \frac{1}{\zeta-a}\left\{1 + \frac{z-a}{\zeta-a} + \left(\frac{z-a}{\zeta-a}\right)^2 + \cdots + \left(\frac{z-a}{\zeta-a}\right)^n + \cdots\right\} \quad (3.86)$$

これを式 (3.85) に代入すれば，

図 3.11 テイラー展開の説明のための，円形の積分経路 C

$$f(z) = \frac{1}{2\pi i} \int_C \left\{ \frac{f(\zeta)}{\zeta - a} + \frac{f(\zeta)}{(\zeta - a)^2}(z - a) + \frac{f(\zeta)}{(\zeta - a)^3}(z - a)^2 + \cdots \right.$$
$$\left. + \frac{f(\zeta)}{(\zeta - a)^{n+1}}(z - a)^n + \cdots \right\} d\zeta \tag{3.87}$$

となり，項別に積分すれば，

$$f(z) = \frac{1}{2\pi i} \int_C \frac{f(\zeta)}{\zeta - a} d\zeta + \frac{1}{2\pi i} \int_C \frac{f(\zeta)}{(\zeta - a)^2} d\zeta (z - a) + \cdots$$
$$+ \frac{1}{2\pi i} \int_C \frac{f(\zeta)}{(\zeta - a)^{n+1}} d\zeta (z - a)^n + \cdots \tag{3.88}$$

となるが，コーシーの積分公式 (3.73) や式 (3.80) を参照すると，右辺の項は

$$\frac{1}{2\pi i} \int_C \frac{f(\zeta)}{\zeta - a} d\zeta = f(a), \quad \frac{1}{2\pi i} \int_C \frac{f(\zeta)}{(\zeta - a)^{n+1}} d\zeta = \frac{f^{(n)}(a)}{n!} \tag{3.89}$$

であるので，テイラー展開式 (3.83) が得られる.

テイラー展開は考えている領域で $f(z)$ が正則な場合であったが，次に，$f(z)$ が点 $z = a$ 以外で正則な（つまり領域が特異点 a を含む）場合を考えよう．このとき，$f(z)$ は次のように展開される.

$$f(z) = \sum_{n=-\infty}^{\infty} b_n(z - a)^n = \cdots + \frac{b_{-m}}{(z - a)^m} + \cdots + \frac{b_{-1}}{z - a}$$
$$+ b_0 + b_1(z - a) + b_2(z - a)^2 + \cdots + b_n(z - a)^n + \cdots \tag{3.90}$$

これを**ローラン展開** (Laurent series expansion) という．テイラー展開では n はゼロ以上であったのに対し，ここでは負の範囲も含めている．係数 b_n は次の積分で表される.

$$b_n = \frac{1}{2\pi i} \int_C \frac{f(\zeta)}{(\zeta - a)^{n+1}} d\zeta \quad (n = 0, \pm 1, \pm 2, \pm 3, \ldots) \tag{3.91}$$

ここで，積分経路 C は a を中心とする円である.

ローラン展開を証明するために，図 3.12(a) のように C 内に点 z と，もう一つの積分経路 Γ を考える．Γ は a を中心とする円で，z がその外部にあるように半径 r を十分小さくとる．ここで，図 (b) のように Γ と C をつないで往復する経路を加えた積分経路 C–Γ を考えれば，点 z はこの閉じた経路の内部にある．また，a は経路 C–Γ の外部にあるので，$f(z)$ は経路 C–Γ 上およびその内部で正則である．よって，コーシーの積分公式より

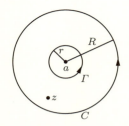
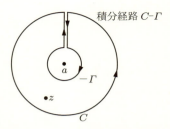

(a) a は特異点, Γ は a を中心とする円形の積分経路

(b) Γ と C をつないで往復する経路が加わった積分経路 $C\text{-}\Gamma$

図 3.12 ローラン展開の説明のための積分経路

$$f(z) = \frac{1}{2\pi i} \int_{C-\Gamma} \frac{f(\zeta)}{\zeta - z} d\zeta \tag{3.92}$$

であるが, 式 (3.72) を導いたときと同様に考えれば, C と Γ をつなぐ経路の積分は往復することで打ち消しあい, また, Γ の積分が図 3.12(a) と (b) では逆向きになっているので,

$$f(z) = \frac{1}{2\pi i} \int_C \frac{f(\zeta)}{\zeta - z} d\zeta - \frac{1}{2\pi i} \int_\Gamma \frac{f(\zeta)}{\zeta - z} d\zeta \tag{3.93}$$

となる. 以下に示すように, 第 1 項 (C での積分) はローラン展開の $n \geq 0$ の項を導き (テイラー展開と同様), 第 2 項 (Γ での積分) は $n < 0$ の項を導く.

まず第 1 項を考えよう. z は円 C の内部にあるので, 経路 C 上の ζ に対して $\left|\frac{z-a}{\zeta-a}\right| < 1$ である. したがって, 式 (3.93) の第 1 項は, $\frac{1}{\zeta - z}$ を式 (3.86) と同じように書き換え, 以下のように書くことができる.

$$\frac{1}{2\pi i} \int_C \frac{f(\zeta)}{\zeta - z} d\zeta = \frac{1}{2\pi i} \int_C \left\{ \frac{f(\zeta)}{\zeta - a} + \frac{f(\zeta)}{(\zeta - a)^2}(z - a) + \frac{f(\zeta)}{(\zeta - a)^3}(z - a)^2 + \cdots \right.$$
$$\left. + \frac{f(\zeta)}{(\zeta - a)^{n+1}}(z - a)^n + \cdots \right\} d\zeta$$
$$= \sum_{n=0}^{\infty} b_n (z - a)^n, \quad b_n = \frac{1}{2\pi i} \int_C \frac{f(\zeta)}{(\zeta - a)^{n+1}} d\zeta \tag{3.94}$$

次に, 式 (3.93) の第 2 項を考えよう. 円 Γ の外側に z はあるので, 経路 Γ 上の ζ に対して, 今度は $\left|\frac{\zeta - a}{z - a}\right| < 1$ である. そこで, 第 2 項の $\frac{1}{\zeta - z}$ を次のような級数に展開する.

$$\frac{1}{\zeta - z} = -\frac{1}{(z - a) - (\zeta - a)} = -\frac{1}{z - a} \frac{1}{1 - (\zeta - a)/(z - a)}$$

$$= -\frac{1}{z-a}\left\{1 + \frac{\zeta-a}{z-a} + \left(\frac{\zeta-a}{z-a}\right)^2 + \cdots + \left(\frac{\zeta-a}{z-a}\right)^n + \cdots\right\} \quad (3.95)$$

この式を式 (3.93) の第 2 項に代入して，項別に積分すれば

$$
\begin{aligned}
-\frac{1}{2\pi i}\int_\Gamma \frac{f(\zeta)}{\zeta-z}d\zeta &= \frac{1}{2\pi i}\int_\Gamma \left\{\frac{f(\zeta)}{z-a} + \frac{f(\zeta)}{(z-a)^2}(\zeta-a) + \cdots \right.\\
&\qquad \left. + \frac{f(\zeta)}{(z-a)^{m+1}}(\zeta-a)^m + \cdots\right\}d\zeta\\
&= \sum_{m=1}^{\infty} b_{-m}(z-a)^{-m} \quad \left(b_{-m} = \frac{1}{2\pi i}\int_\Gamma f(\zeta)(\zeta-a)^{m-1}d\zeta\right)\\
&= \sum_{n=-1}^{-\infty} b_n(z-a)^n \quad \left(b_n = \frac{1}{2\pi i}\int_\Gamma f(\zeta)(\zeta-a)^{-(n+1)}d\zeta\right)
\end{aligned}
$$

$$(3.96)$$

となる．b_n の式の被積分関数は Γ と C の間の領域で正則なので，式 (3.72) を使えば積分経路を C に変更できる．以上より，式 (3.94) と式 (3.96) をあわせれば，ローラン展開（式 (3.90)，(3.91)）が得られる．

ローラン展開の $b_{-m}(z-a)^{-m}$ で表される項（$n < 0$ の項）のうち，$b_{-k} \neq 0$ であり，$b_{-m} = 0 \ (m > k)$ であるなら，つまり，

$$f(z) = \frac{b_{-k}}{(z-a)^k} + \cdots + \frac{b_{-1}}{z-a} + b_0 + b_1(z-a) + b_2(z-a)^2 + \cdots + b_n(z-a)^n + \cdots \quad (3.97)$$

と書けるなら，a を関数 $f(z)$ の k 位の**極**という．

> **例題 3.15** $f(z) = \dfrac{1}{z(z-2)^2}$ の，特異点 $z=0$ および $z=2$ を中心とするローラン展開を求めよ．

解 まず，$z=0$ を中心としたローラン展開を求めよう．$f(z) = \dfrac{1}{z}\left\{\dfrac{1}{(z-2)^2}\right\}$ と書き，$\{\ \}$ 内の関数 $\dfrac{1}{(z-2)^2}$ をテイラー展開する．

$$
\begin{aligned}
\frac{1}{(z-2)^2} &= \frac{1}{4} + \frac{-2}{(z-2)^3}\bigg|_{z=0} z + \frac{1}{2}\frac{6}{(z-2)^4}\bigg|_{z=0} z^2 + \cdots\\
&\qquad + \frac{1}{n!}\frac{(-1)^n(n+1)!}{(z-2)^{n+2}}\bigg|_{z=0} z^n + \cdots\\
&= \frac{1}{4} + \frac{1}{4}z + \frac{3}{16}z^2 + \cdots + \frac{n+1}{2^{n+2}}z^n + \cdots
\end{aligned}
$$

（この級数は $|z| < 2$ で収束する．）したがって，$f(z)$ は

104 第3章 複素解析

$$f(z) = \frac{1}{z}\left(\frac{1}{4} + \frac{1}{4}z + \frac{3}{16}z^2 + \cdots + \frac{n+1}{2^{n+2}}z^n + \cdots\right)$$

$$= \frac{1}{4z} + \frac{1}{4} + \frac{3}{16}z + \cdots + \frac{n+1}{2^{n+2}}z^{n-1} + \cdots$$

と書くことができ，これが $f(z)$ の $z = 0$ を中心とするローラン展開である．

次に，もう一つの特異点 $z = 2$ を中心にローラン展開しよう．$u = z - 2$ とすると，$f(z) = \dfrac{1}{u^2}\dfrac{1}{u+2}$ であり，$\dfrac{1}{u+2}$ を $u = 0$ を中心にテイラー展開すれば

$$\frac{1}{u+2} = \frac{1}{2} + \left.\frac{-1}{(u+2)^2}\right|_{u=0}u + \frac{1}{2}\left.\frac{2}{(u+2)^3}\right|_{u=0}u^2 + \cdots$$

$$+ \frac{1}{n!}\left.\frac{(-1)^n n!}{(u+2)^{n+1}}\right|_{u=0}u^n + \cdots$$

$$= \frac{1}{2} - \frac{u}{4} + \frac{u^2}{8} - \frac{u^3}{16} + \cdots\frac{(-1)^n u^n}{2^{n+1}} + \cdots$$

となる．したがって，以下のローラン展開が得られる．

$$f(z) = \frac{1}{u^2}\left\{\frac{1}{2} - \frac{u}{4} + \frac{u^2}{8} - \frac{u^3}{16} + \cdots + \frac{(-1)^n u^n}{2^{n+1}} + \cdots\right\}$$

$$= \frac{1}{2u^2} - \frac{1}{4u} + \frac{1}{8} - \frac{u}{16} + \cdots\frac{(-1)^n u^{n-2}}{2^{n+1}} + \cdots$$

$$= \frac{1}{2(z-2)^2} - \frac{1}{4(z-2)} + \frac{1}{8} - \frac{z-2}{16} + \cdots\frac{(-1)^n(z-2)^{n-2}}{2^{n+1}} + \cdots$$

3.4.2◆留数とその応用

関数 $f(z)$ が，閉じた積分経路 C の内部で，特異点 a 以外で正則であるとき，

$$\mathrm{Res}[f, a] = \frac{1}{2\pi i}\int_C f(z)dz \tag{3.98}$$

を $f(z)$ の**留数** (residue) という．そして，$f(z)$ が式 (3.90) のようにローラン展開されるとき，

$$\mathrm{Res}[f, a] = b_{-1} \tag{3.99}$$

が成り立つ．このことは次のように証明される．

まず，ローラン展開した項のうち，$\displaystyle\sum_{n=0}^{\infty} b_n(z-a)^n$ の部分は，$(z-a)^n$ $(n \geq 0)$ が正則であるから，コーシーの積分定理より C に沿った積分はゼロである．

3.4 複素積分を利用した実関数の積分   105

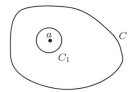

図 3.13 特異点 a を含む任意の閉じた積分経路 C と，その内部にあり a を中心とする円形の積分経路 C_1

次に，$\sum_{m=1}^{\infty} b_{-m}(z-a)^{-m}$ の部分の積分を求めるために，図 3.13 のように C の内部に $z=a$ を中心とした円形の積分経路 C_1 を考える．式 (3.72) より，$\int_C f(z)\,dz = \int_{C_1} f(z)\,dz$ である．そして，3.3.1 項の例題 3.12 より

$$\int_{C_1} \frac{1}{z-a}dz = 2\pi i, \quad \int_{C_1} \frac{1}{(z-a)^n}dz = 0 \quad (n>1) \tag{3.100}$$

であるので，結局 C_1 に沿った積分でゼロにならないのは $(z-a)^{-1}$ の項だけである．

$$\frac{1}{2\pi i}\int_C f(z)dz = \frac{1}{2\pi i}\int_{C_1}\sum_{n=-\infty}^{\infty} b_n(z-a)^n dz = b_{-1} \tag{3.101}$$

このように，C に沿った積分の値を知るには，ローラン展開のすべての項を求める必要はなく，b_{-1} の値だけを知ればよい．b_{-1} は次のようにして求めることができる．

まず，a が 1 位の極であるとしよう．つまり，$f(z)$ は次のように展開されるとする．

$$f(z) = \frac{b_{-1}}{z-a} + \sum_{n=0}^{\infty} b_n(z-a)^n \tag{3.102}$$

この式に $(z-a)$ を掛ければ，$(z-a)f(z) = b_{-1} + \sum_{n=0}^{\infty} b_n(z-a)^{n+1}$ であるので，

$$\lim_{z\to a}(z-a)f(z) = b_{-1} \tag{3.103}$$

となり，b_{-1} を得る．次に，a が 2 位の極のとき，つまり

$$f(z) = \frac{b_{-2}}{(z-a)^2} + \frac{b_{-1}}{z-a} + \sum_{n=0}^{\infty} b_n(z-a)^n \tag{3.104}$$

であるとする．この式に $(z-a)^2$ を掛けると

$$(z-a)^2 f(z) = b_{-2} + (z-a)b_{-1} + \sum_{n=0}^{\infty} b_n(z-a)^{n+2} \tag{3.105}$$

であるが，これを z で微分して，$z \to a$ とすれば

$$\lim_{z \to a} \frac{d}{dz}\{(z-a)^2 f(z)\} = \lim_{z \to a}\left\{b_{-1} + \sum_{n=0}^{\infty} b_n(n+2)(z-a)^{n+1}\right\} = b_{-1} \quad (3.106)$$

となり，b_{-1} が得られる．同様に，a が 3 位の極であるときは，$f(z)$ に $(z-a)^3$ を掛け，

$$(z-a)^3 f(z) = b_{-3} + (z-a)b_{-2} + (z-a)^2 b_{-1} + \sum_{n=0}^{\infty} b_n(z-a)^{n+3} \quad (3.107)$$

となり，これを z で 2 回微分して $z \to a$ とすれば $2b_{-1}$ になる．

$$\lim_{z \to a} \frac{d^2}{dz^2}\{(z-a)^3 f(z)\} = \lim_{z \to a}\left\{2b_{-1} + \sum_{n=0}^{\infty} b_n(n+3)(n+2)(z-a)^{n+1}\right\} = 2b_{-1} \quad (3.108)$$

一般に，a が k 位の極であるときは，次式で b_{-1} が得られる．

$$b_{-1} = \lim_{z \to a} \frac{1}{(k-1)!} \frac{d^{k-1}}{dz^{k-1}}\{(z-a)^k f(z)\} \quad (3.109)$$

C の内部に複数の特異点 $a_1, a_2, a_3, \ldots, a_N$ がある場合は，図 3.14 のようにそれぞれの特異点を中心とする円形の積分経路 $C_1, C_2, C_3, \ldots, C_N$ を考えれば，

$$\int_C f(z)\,dz = \int_{C_1} f(z)\,dz + \int_{C_2} f(z)\,dz + \int_{C_3} f(z)\,dz + \cdots + \int_{C_N} f(z)\,dz \quad (3.110)$$

である（これは，C と C_n $(n=1,2,\ldots,N)$ をつなぐ往復の積分経路を加え，式 (3.72) を導いたときと同じように考えれば，導くことができる）．右辺の積分の各項の値は $2\pi i \,\mathrm{Res}[f,a_n]$ $(n=1,2,\ldots,N)$ で与えられるので，

$$\boxed{\frac{1}{2\pi i}\int_C f(z)\,dz = \mathrm{Res}[f,a_1] + \mathrm{Res}[f,a_2] + \cdots + \mathrm{Res}[f,a_N] \quad (3.111)}$$

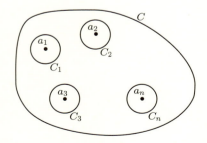

図 3.14 積分経路 C の内部に複数の特異点 $(a_1, a_2, a_3, \ldots)$ がある場合

となる．これを**留数定理**という．

コーシーの積分公式（式 (3.73)）も留数定理と同じことを意味している．$f(z)$ が正則なら，$f(z)$ はテイラー展開でき，$z = a$ は式 (3.73) の被積分関数 $\dfrac{f(z)}{z-a}$ の 1 位の極である．そして留数は，式 (3.103) より $f(a)$ である．

留数定理を使うことで，実関数の積分が容易に計算できる場合がある．

例題 3.16 次の関係式を示せ．

$$\int_{-\infty}^{\infty} \frac{1}{x^2+1} dx = \pi$$

解 変数を複素変数の z に置き換え $f(z) = \dfrac{1}{z^2+1}$ とし，複素平面において図 3.15 に示す半径 R の半円形の積分経路 C での積分を考える．$R \to \infty$ とすれば，実軸の直線部分の積分が上式の積分に相当する．C の内部にある $f(z)$ の特異点は $z = i$ であり，留数は

$$\mathrm{Res}[f, i] = \lim_{z \to i}(z-i)f(z) = \frac{1}{2i}$$

であるので，

$$\frac{1}{2\pi i}\int_C \frac{1}{z^2+1}dz = \frac{1}{2i} \quad \text{つまり} \quad \int_C \frac{1}{z^2+1}dz = \pi$$

である．さて，C は円弧部分（C' とする）と実軸の直線部分 ($-R \leq x \leq R$) に分けられる．C' に沿った積分を求めるため，上の被積分関数の分母の絶対値 $|z^2+1|$ を考えよう．z^2 に $+1$ することによって絶対値がどれだけ変化するかを考えると，z^2 が負の実数のときは 1 減る．それ以外のときは増えるか，または減ったとしても減少の大きさは 1 より小さい．つまり，$|z^2+1| \geq |z^2| - 1$ である．C' 上では $|z| = R$ であるので，

$$\left|\int_{C'}\frac{1}{z^2+1}dz\right| \leq \int_{C'}\left|\frac{1}{z^2+1}\right|dz = \int_{C'}\frac{1}{|z^2+1|}dz \leq \int_{C'}\frac{1}{|z^2|-1}dz$$
$$= \int_{C'}\frac{1}{R^2-1}dz = \frac{1}{R^2-1}\int_{C'}dz = \frac{\pi R}{R^2-1}$$

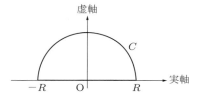

図 3.15 $-\infty$ から ∞ まで積分するときに使う積分経路

108   第 3 章　複素解析

となる．この値は，$R \to \infty$ でゼロになる．よって，$R \to \infty$ のとき，C に沿った積分でゼロにならないのは実軸の直線部分の積分であるので，次式となる．

$$\lim_{R \to \infty} \int_C \frac{1}{z^2 + 1} dz = \int_{-\infty}^{\infty} \frac{1}{x^2 + 1} dx$$
$$= \pi$$

　一般に，$|z| = R$ のとき，

$$f(z) \le A R^{-k} \quad (k > 1, \ A \text{ は定数})$$

であれば，$R \to \infty$ で円弧 C' に沿った積分はゼロになるので，上の例題 3.16 に示したように，留数の値から $\int_{-\infty}^{\infty} f(x) dx$ の値を得ることができる．

例題 3.17　次の三角関数を含んだ式の積分を計算せよ．

$$\int_0^{2\pi} \frac{1}{2 + \cos\theta} d\theta$$

....

解　$z = e^{i\theta}$ とおけば，$dz = ie^{i\theta}d\theta$ つまり $\dfrac{d\theta}{dz} = \dfrac{1}{ie^{i\theta}} = \dfrac{1}{iz}$ であり，$\cos\theta = \dfrac{e^{i\theta} + e^{-i\theta}}{2}$ であるので，

$$\int_0^{2\pi} \frac{1}{2 + \cos\theta} d\theta = \int_C \frac{1}{2 + (z + 1/z)/2} \frac{1}{iz} dz = \int_C \frac{-2i}{z^2 + 4z + 1} dz$$

となる．また，z についての積分の経路 C は，$0 \le \theta < 2\pi$ に対応して図 3.16 に示す半径 1 の円になる．$f(z) = \dfrac{-2i}{z^4 + 4z + 1}$ の特異点 $z = -2 + \sqrt{3}$ と $-2 - \sqrt{3}$ のうち，C の内部にあるのは $z = -2 + \sqrt{3}$ で，その留数は

$$\lim_{z \to -2+\sqrt{3}} (z + 2 - \sqrt{3}) f(z) = \frac{-2i}{-2 + \sqrt{3} + 2 + \sqrt{3}} = -\frac{i}{\sqrt{3}}$$

である．したがって，積分の値は以下のように得られる．

$$\int_0^{2\pi} \frac{1}{2 + \cos\theta} d\theta = 2\pi i \left(-\frac{i}{\sqrt{3}} \right)$$
$$= \frac{2\pi}{\sqrt{3}}$$

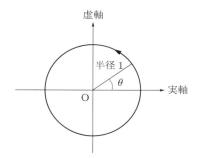

図 3.16 三角関数を含む関数を積分するときに使う積分経路

この例題と同様に，$\cos\theta, \sin\theta$ の入った関数の積分 $\int_0^{2\pi} f(\sin\theta, \cos\theta)d\theta$ は，$z = e^{i\theta}$ とおき，

$$\cos\theta = \frac{1}{2}\left(z + \frac{1}{z}\right), \quad \sin\theta = \frac{1}{2i}\left(z - \frac{1}{z}\right)$$

と置き換えて，z の関数として図 3.16 の積分経路内の留数を求めることで値を得ることができる．

◆ 章末問題

3.1 次のものを $x + iy$ の形で求めよ．

(1) i の平方根 (2) $-1 + i$ の 3 乗根

3.2 式 (3.25), (3.26)（加法定理）を証明せよ．

3.3 例題 3.4 を参考にし，$\sin\overline{z} = \overline{\sin z}$ を示せ．

3.4 式 (3.36) ($\cos^{-1}$ と $\tan^{-1}$) を導け．

3.5 式 (3.33) を用い，$(-2)^i$ の実部と虚部を求めよ．

3.6 $f(z)$ が正則であるとき，$zf(z)$ も正則であることを示し，その導関数を求めよ（これより，任意の自然数 n について，z^n が正則であることがわかる）．

3.7 次の関数 $f(z)$ は微分可能であるか．微分可能であるときは導関数を求めよ．

(1) $f(z) = e^{z^2}$ (2) $f(z) = e^{\overline{z}}$

(3) $f(z) = \sqrt{x^2 + y^2}(x + iy)$ (4) $f(z) = \dfrac{x - iy}{x^2 + y^2}$

110　第 3 章　複素解析

3.8 以下の積分を求めよ.

(1) $\displaystyle\int_C (2z+1)dz$　$(C : z = t+it^2$　$(0 \leq t \leq 1))$

(2) $\displaystyle\int_C e^z dz$　$(C : z = 1+t+it$　$(0 \leq t \leq 1))$

3.9　C は $|z| = 2$ で表される円とする. 留数定理 (式 (3.111)) を用い, また例題 3.13, 3.14 も参考にして, 以下の積分を求めよ.

(1) $\displaystyle\int_C \frac{2z}{(z-1)(z+3)}dz$

(2) $\displaystyle\int_C \frac{e^z}{z(z+1)}dz$

(3) $\displaystyle\int_C \frac{e^{tz}}{z^2+1}dz$

(4) $\displaystyle\int_C \frac{e^{iz}}{z^3}dz$

3.10　次の関数の, ( ) の中に示した点を中心とするローラン展開を求めよ.

(1) $\dfrac{1}{z^3(2-z)}$　$(z = 0)$

(2) $\dfrac{e^z}{(z-1)^2}$　$(z = 1)$

(3) $\dfrac{\sin z}{z^3}$　$(z = 0)$

(4) $\dfrac{z}{(z+1)(z+2)}$　$(z = -1)$

3.11　例題 3.16, 3.17 を参照して, 次の積分の値を求めよ

(1) $\displaystyle\int_{-\infty}^{\infty} \frac{1}{(x^2+1)(x^2+4)}dx$

(2) $\displaystyle\int_{-\infty}^{\infty} \frac{1}{(x^2+1)^2}dx$

(3) $\displaystyle\int_0^{2\pi} \frac{1}{5+3\sin\theta}d\theta$

(4) $\displaystyle\int_0^{2\pi} \frac{1}{(\cos\theta+2)^2}d\theta$

3.12　例題 3.16 を参照して, $\displaystyle\int_{-\infty}^{\infty} \frac{e^{iz}}{x^2+1}dx$ の値を求めよ. その結果から, $\displaystyle\int_{-\infty}^{\infty} \frac{\cos x}{x^2+1}dx$ の値を求めよ.

第4章

フーリエ解析

物理や工学の解析では，ある関数 f を，次のように別の関数 ϕ_n の和（級数）として表すことがある．

$$f(x) = \sum_n c_n \phi_n(x)$$

多数の ϕ_n の和をとらなければいけないので，一見，計算は面倒になりそうである．それでも，次のような場合には，このような級数が用いられる．

1) ϕ_n が性質のよくわかっている関数で，微分積分も容易である．もとの関数 f が容易に数学的処理ができない関数であっても，上のように書き換えることで，その後の計算，処理が簡単になる．
2) ϕ_n が物理現象を表現する基本的な方程式の解であり，観察している系が示す振る舞いの基本的なパターンに対応している（固有関数という）．人間が観察している振る舞い（f に相当）は，一見その基本パターンと異なるように見えても，実はその基本パターンが複数同時に生じているもの（$\sum c_n \phi_n$ に相当）と解釈される．

ϕ_n として三角関数（複素指数関数）を用いるとき，このような級数はフーリエ級数という．三角関数は微分積分などが容易であるし，また，本章の例題で示すように，振動などの物理現象の基本的振る舞いを表す関数でもある．

4.1 フーリエ級数

フーリエ級数とはどのようなものかをまず理解し，与えられた関数をフーリエ級数の形にするにはどうしたらよいかを学ぶ．その後で，物理・工学の具体的な問題に対してフーリエ級数を使ってみよう．

4.1.1 ◆ フーリエ級数とは

図 4.1 に示すように，ある周期で同じ波形が繰り返し現れる関数を**周期関数** (periodic function) という．T を周期とすれば，周期関数は次が成り立つ関数 $f(t)$ である．

[注] 本章では主に，関数の変数として t，周期として T（どちらも時間を連想させる）を使う．これは，一般に工学では，時間的に変化する信号に対してフーリエ級数を使うことが多いためである．一部の例では，空間的な変化を表す関数について，変数として x，周期として L を用いる．

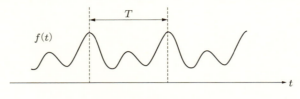

図 4.1　周期関数の例

$$f(t+T) = f(t) \tag{4.1}$$

周期関数は，たくさんの三角関数の和（級数）として表すことができる．

$$\begin{aligned}
f(t) &= \frac{a_0}{2} + (a_1 \cos \omega_0 t + b_1 \sin \omega_0 t) + (a_2 \cos 2\omega_0 t + b_2 \sin 2\omega_0 t) \\
&\quad + (a_3 \cos 3\omega_0 t + b_3 \sin 3\omega_0 t) + \cdots \\
&= \frac{a_0}{2} + \sum_{n=1}^{\infty} (a_n \cos n\omega_0 t + b_n \sin n\omega_0 t) \quad \left(\omega_0 = \frac{2\pi}{T} \right)
\end{aligned} \tag{4.2}$$

これを**フーリエ級数** (Fourier series) という．また，a_n, b_n を**フーリエ係数**という．ω_0 を上のように定めれば，右辺の三角関数は，

$$\cos n\omega_0 (t+T) = \cos(n\omega_0 t + 2n\pi) = \cos n\omega_0 t$$

$$\sin n\omega_0 (t+T) = \sin(n\omega_0 t + 2n\pi) = \sin n\omega_0 t$$

となって，すべて周期 T の周期関数である．

　上で述べたように，ひとたびこのフーリエ級数の形に書くことができれば，微分積分などの処理が容易になる．和は $n=1$ から ∞ までとるが，実際にフーリエ級数を用いて計算するときは，無限にたくさんの三角関数の和をとる必要はない．たくさんの項を計算すればするほど精度は上がるが，必要な精度が得られたところで打ち切ればよい．

　$f(t)$ がある点で不連続である場合は，式 (4.2) のように「=」と書くことはできない．不連続になる点においても，右辺の級数はある一つの値をとる．実際には，$f(t)$ が不連続となる点を $t=a$ とすると，そこでの右辺の級数の値は

$$\frac{1}{2}(f(a+0) + f(a-0)) \tag{4.3}$$

になる．ここで，$f(a+0)$ は，$t>a$ の範囲で t を a に近づけていった極限の $f(t)$ の

値，$f(a-0)$ は $t < a$ の範囲で t を a に近づけていった極限の値である．のちほど，代表的な関数を例にとってこのことを確認する．不連続点がある関数については，不連続点での値を上のように定義しなおして初めて，フーリエ級数を表す式 (4.2) が成立する．

　以下，4.1 節では周期関数を扱う．周期関数ではない一般の関数について同様の計算を使うためには，フーリエ変換という，もう一つ別のテクニックを使わなくてはいけない（4.2 節）．ただ，これもフーリエ級数の拡張されたものと理解できる．

4.1.2 ◆ フーリエ係数の算出

　フーリエ級数の式 (4.2) で，たとえば $a_n \cos n\omega_0 t$ の項は，$\cos n\omega_0 t$ のように変化する成分を表しており，その成分の大きさが係数 a_n である（n が大きいほど小刻みな変化を表す）．cos, sin は 1 周期の平均値がゼロであるので，式 (4.2) 中の cos, sin の項の平均値はゼロである．よって，第 1 項 $\left(\dfrac{a_0}{2}\right)$ が $f(t)$ の平均値である（直流量ともいう）．

　$f(t)$ が式 (4.2) のように表されるとして，式中の a_n, b_n を求めよう．そのために，まず以下の三角関数の定積分を確認しておく（n, m は自然数）．

$$\int_{-\frac{T}{2}}^{\frac{T}{2}} \cos n\omega_0 t \cos n\omega_0 t \, dt = \frac{T}{2}, \quad \int_{-\frac{T}{2}}^{\frac{T}{2}} \sin n\omega_0 t \sin n\omega_0 t \, dt = \frac{T}{2} \tag{4.4a}$$

$$\int_{-\frac{T}{2}}^{\frac{T}{2}} \cos m\omega_0 t \cos n\omega_0 t \, dt = 0, \quad \int_{-\frac{T}{2}}^{\frac{T}{2}} \sin m\omega_0 t \sin n\omega_0 t \, dt = 0 \quad (m \neq n) \tag{4.4b}$$

$$\int_{-\frac{T}{2}}^{\frac{T}{2}} \sin n\omega_0 t \cos m\omega_0 t \, dt = 0 \quad (m \neq n \quad \text{or} \quad m = n) \tag{4.4c}$$

ここで定積分の範囲は $-\dfrac{T}{2}$ から $\dfrac{T}{2}$ としているが，1 周期であればどこから始めても同じ値になる．たとえば 0 から T としてもよい．これらの式は，加法定理を使って三角関数の積を和に書き換えて積分することによって容易に示すことができる．例として，式 (4.4a) と式 (4.4c) を計算しよう．

$$\int_{-\frac{T}{2}}^{\frac{T}{2}} \cos n\omega_0 t \cos n\omega_0 t \, dt = \int_{-\frac{T}{2}}^{\frac{T}{2}} \frac{1}{2} \left(\cos 2n\omega_0 t + 1\right) dt$$

$$= \left[\frac{1}{2} \left(\frac{\sin 2n\omega_0 t}{2n\omega_0} + t\right)\right]_{-\frac{T}{2}}^{\frac{T}{2}} = \frac{T}{2} \tag{4.5}$$

$$\int_{-\frac{T}{2}}^{\frac{T}{2}} \sin n\omega_0 t \cos m\omega_0 t \, dt = \int_{-\frac{T}{2}}^{\frac{T}{2}} \frac{1}{2} \left\{\sin(n+m)\omega_0 t + \sin(n-m)\omega_0 t\right\} dt$$

114　第4章　フーリエ解析

$n \neq m$ のとき　$\left[\dfrac{1}{2} \left\{ \dfrac{-\cos(n+m)\omega_0 t}{(n+m)\omega_0} - \dfrac{\cos(n-m)\omega_0 t}{(n-m)\omega_0} \right\} \right]_{-\frac{T}{2}}^{\frac{T}{2}} = 0$

$n = m$ のとき　$\left[-\dfrac{1}{2} \dfrac{\cos 2n\omega_0 t}{2n\omega_0} \right]_{-\frac{T}{2}}^{\frac{T}{2}} = 0$　　　　　　　　(4.6)

式 (4.5) の計算では，$\sin n\omega_0 T = \sin 2n\pi = 0$ であることを用いている．また，式 (4.6) の定積分は，$\cos(x) = \cos(-x)$ であることよりゼロになる．

　では，係数 a_n, b_n を求めよう．$\cos$ の m 番目の係数 (a_m) を求めるため，式 (4.2) の両辺に $\cos m\omega_0(t)$ を掛けて積分する $(m \neq 0)$．

$$\int_{-\frac{T}{2}}^{\frac{T}{2}} f(t)\,\cos m\omega_0 t\,dt = \frac{a_0}{2} \int_{-\frac{T}{2}}^{\frac{T}{2}} \cos m\omega_0 t\,dt + \sum_{n=1}^{\infty} a_n \int_{-\frac{T}{2}}^{\frac{T}{2}} \cos n\omega_0 t\,\cos m\omega_0 t\,dt$$

$$+ \sum_{n=1}^{\infty} b_n \int_{-\frac{T}{2}}^{\frac{T}{2}} \sin n\omega_0 t\,\cos m\omega_0 t\,dt \qquad (4.7)$$

右辺第1項がゼロであることは容易に確認できる．また，式 (4.4) より，級数の項の中でゼロではないのは $a_m \displaystyle\int_{-\frac{T}{2}}^{\frac{T}{2}} \cos m\omega_0 t\,\cos m\omega_0 t\,dt$ の項だけで，その値は $a_m \dfrac{T}{2}$ である．よって，

$$\int_{-\frac{T}{2}}^{\frac{T}{2}} f(t)\,\cos m\omega_0 t\,dt = a_m \frac{T}{2} \qquad (4.8)$$

となる．式 (4.2) の両辺に $\sin m\omega_0(t)$ を掛けて積分すれば，同様に以下の式が得られる．

$$\int_{-\frac{T}{2}}^{\frac{T}{2}} f(t)\,\sin m\omega_0 t\,dt = b_m \frac{T}{2} \qquad (4.9)$$

また，式 (4.2) の両辺を何も掛けずに積分すれば，$\cos$, $\sin$ の積分はゼロになるから

$$\int_{-\frac{T}{2}}^{\frac{T}{2}} f(t)\,dt = \frac{a_0}{2} T \qquad (4.10)$$

となる．

　以上より，以下のようにフーリエ級数の係数が求められる．

$$a_n = \frac{2}{T} \int_{-\frac{T}{2}}^{\frac{T}{2}} f(t)\,\cos n\omega_0 t\,dt \quad (n = 0, 1, 2, \ldots) \qquad (4.11)$$

$$b_n = \frac{2}{T} \int_{-\frac{T}{2}}^{\frac{T}{2}} f(t)\,\sin n\omega_0 t\,dt \quad (n = 1, 2, \ldots) \qquad (4.12)$$

ここで，$\cos(0) = 1$ であるので，式 (4.11) の $n = 0$ の場合は，a_0 の式になる．つまり，a_n は $n = 0$ も含めて式 (4.11) で与えられる $\Bigl($もともと，そうなるように式 (4.2) において右辺第 1 項を $\dfrac{a_0}{2}$ と係数 $\dfrac{1}{2}$ を掛けておいたのである．第 1 項を，$\dfrac{1}{2}$ を掛けずに a_0 としている本もある．その場合は，a_0 を求める式は $a_0 = \dfrac{1}{T}\displaystyle\int_{-\frac{T}{2}}^{\frac{T}{2}} f(t)\,dt$ となる$\Bigr)$．第 1 項 $\dfrac{a_0}{2}$ は，$f(t)$ を 1 周期積分して T で割った値であるので，(すでに述べたように) $f(t)$ の平均値である．

例題 4.1 図 4.2 の関数 $f(t)$（矩形波あるいは方形波とよぶ）のフーリエ級数を求めよ．

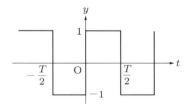

図 4.2 方形波（矩形波）

解 関数の 1 周期を式で書くと
$$f(t) = \begin{cases} -1 & \left(-\dfrac{T}{2} \leq t < 0\right) \\ +1 & \left(0 \leq t < \dfrac{T}{2}\right) \end{cases}$$

である．式 (4.11)，(4.12) を用いれば，以下が得られる．

$$a_0 = \frac{2}{T}\left\{\int_{-\frac{T}{2}}^{0}(-1)\,dt + \int_{0}^{\frac{T}{2}}(1)\,dt\right\} = 0$$

$$a_n = \frac{2}{T}\left\{\int_{-\frac{T}{2}}^{0}(-1)\cos n\omega_0 t\,dt + \int_{0}^{\frac{T}{2}}\cos n\omega_0 t\,dt\right\} = 0$$

$$b_n = \frac{2}{T}\left\{\int_{-\frac{T}{2}}^{0}(-1)\sin n\omega_0 t\,dt + \int_{0}^{\frac{T}{2}}\sin n\omega_0 t\,dt\right\}$$

$$= \frac{2}{T}\left(\left[\frac{\cos n\omega_0 t}{n\omega_0}\right]_{-\frac{T}{2}}^{0} + \left[\frac{-\cos n\omega_0 t}{n\omega_0}\right]_{0}^{\frac{T}{2}}\right) = \frac{2}{\pi}\frac{1-\cos n\pi}{n}$$

ここで，$\cos n\pi$ は n が偶数なら $+1$，奇数なら -1 である．したがって，

$$b_{2n} = 0, \quad b_{2n-1} = \frac{4}{\pi}\frac{1}{2n-1}$$

と書くことができる．以上より，フーリエ級数は

$$f(t) = \frac{4}{\pi}\sum_{n=1}^{\infty}\frac{\sin(2n-1)\omega_0 t}{2n-1}$$

となる．図 4.3(a) は $f(t)$ のフーリエ級数の n 番目の項の sin 関数（$n=1,2,3$）を示し，図 (b) は n 番目の項までの和を示す．図 (b) では，n が増えるにつれ，級数がもとの関数に近づいていくことが見て取れる．

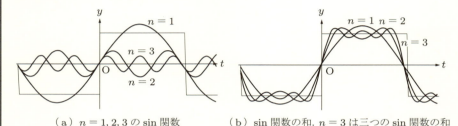

（a）$n=1,2,3$ の sin 関数　　（b）sin 関数の和．$n=3$ は三つの sin 関数の和

図 4.3　図 4.2 の方形波のフーリエ級数

ところで，この例題の関数は，$t=0$ で関数は -1 から $+1$ へと不連続に値が変わる．つまり，$f(+0) = +1$, $f(-0) = -1$ である．一方，そのフーリエ級数の値は，$\sin(0) = 0$ であるから，$t=0$ でゼロである．つまり，f が不連続な点 $t=0$ でのフーリエ級数の値は，式 (4.3) に示したとおり，$(f(+0) + f(-0))/2$ に等しい．

4.1.3 ◆ 特別な関数のフーリエ級数：偶関数，奇関数

変数の符号が変わっても値が変わらない関数，つまり

$$f(-t) = f(t) \tag{4.13}$$

を満たす関数を**偶関数** (even function) という．また，変数の符号が変わると値の符号も反転する関数

$$f(-t) = -f(t) \tag{4.14}$$

を**奇関数** (odd function) という．図 4.4 に偶関数，奇関数の例を示す．偶関数，奇関数のフーリエ級数は，一般の関数に対する式 (4.2) よりも簡単な形で表される．

まず偶関数は，次の**余弦フーリエ級数**で表される．

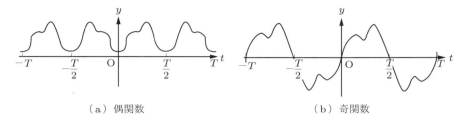

図 4.4 偶関数，奇関数の例

$$f(t) = \frac{a_0}{2} + \sum_{n=1}^{\infty} a_n \cos n\omega_0 t \tag{4.15}$$

つまり，すべての n について $b_n = 0$ である．このことは次のようにして示される．

cos は偶関数，sin は奇関数である（$\cos(-x) = \cos(x), \sin(-x) = -\sin(x)$）．フーリエ級数の式 (4.2) で，もしある n について $b_n \neq 0$ であるなら，sin は奇関数であるから，$b_n \sin n\omega_0 t$ の項は t が $-t$ になると符号が反転する．よって，$f(-t) \neq f(t)$ である．したがって，$f(t)$ が偶関数であるなら，すべての n について $b_n = 0$ である．

また，cos の係数は，式 (4.11) の代わりに，次式によっても計算できる．

$$a_n = \frac{4}{T} \int_0^{\frac{T}{2}} f(t) \cos n\omega_0 t \, dt \tag{4.16}$$

$f(t)$ も cos も偶関数であるので，被積分関数は偶関数である．よって，(偶関数は $t = 0$ について対称であるので) $-\frac{T}{2}$ からゼロまでの積分と，ゼロから $\frac{T}{2}$ までの積分は同じ値になる．したがって，たとえば正の半周期（負の半周期でもよい）で積分し，それを 2 倍すれば，1 周期の積分の値になる．

一方，奇関数は次に示す**正弦フーリエ級数**によって表される．

$$f(t) = \sum_{n=1}^{\infty} b_n \sin n\omega_0 t \tag{4.17}$$

$$b_n = \frac{4}{T} \int_0^{\frac{T}{2}} f(t) \sin n\omega_0 t \, dt \tag{4.18}$$

式 (4.17) は，余弦フーリエ級数 (4.15) を示したのと同様のやり方で示すことができる．また，式 (4.18) は，$f(t)$ と $\sin n\omega_0 t$ のいずれもが奇関数であり，したがってその積は偶関数になることを考えれば，式 (4.16) が成り立つのと同様の理由で成り立つことがわかる．

例題 4.2 余弦フーリエ級数の例として，図 4.5 の関数

$$f(t) = |t| \quad \left(-\frac{T}{2} \leq t < \frac{T}{2}\right)$$

のフーリエ級数を求めよ．

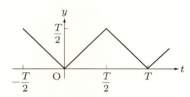

図 4.5 余弦フーリエ級数の例題 $f(t) = |t| \quad \left(-\frac{T}{2} \leq t < \frac{T}{2}\right)$

解 偶関数であるので $b_n = 0$ である．$0 \leq t < \frac{T}{2}$ で $f(t) = t$ であり，$a_n \ (n \neq 0)$ は

$$a_n = \frac{4}{T}\int_0^{\frac{T}{2}} t\cos n\omega_0 t\, dt = \frac{4}{T}\left[\frac{t\sin n\omega_0 t}{n\omega_0}\right]_0^{\frac{T}{2}} - \frac{4}{T}\int_0^{\frac{T}{2}} \frac{\sin n\omega_0 t}{n\omega_0}\, dt$$
$$= \frac{4}{Tn^2\omega_0^2}\left[\cos n\omega_0 t\right]_0^{\frac{T}{2}} = \frac{T}{\pi^2 n^2}(\cos n\pi - 1)$$

であるが，$\cos n\pi$ の値を考慮して（例題 4.1 参照）

$$a_{2n} = 0, \quad a_{2n-1} = \frac{-2T}{\pi^2(2n-1)^2}$$

となる．また，a_0 は

$$a_0 = \frac{4}{T}\int_0^{\frac{T}{2}} t\, dt = \frac{4}{T}\left[\frac{t^2}{2}\right]_0^{\frac{T}{2}} = \frac{T}{2}$$

であるので，フーリエ級数は次式で与えられる．

$$f(t) = \frac{T}{4} - \frac{2T}{\pi^2}\sum_{n=1}^{\infty}\frac{\cos(2n-1)\omega_0 t}{(2n-1)^2}$$

例題 4.3 正弦フーリエ級数の例として，図 4.6 の関数（のこぎり波）

$$f(t) = t \quad \left(-\frac{T}{2} \leq t < \frac{T}{2}\right)$$

のフーリエ級数を求めよ．

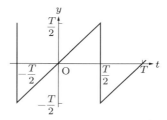

図 4.6 正弦フーリエ級数の例題 $f(t) = t \left(-\dfrac{T}{2} \leq t < \dfrac{T}{2}\right)$

解 奇関数であるので $a_n = 0$ である．b_n は次式で与えられる．

$$b_n = \frac{4}{T}\int_0^{\frac{T}{2}} t\sin n\omega t\, dt = \frac{4}{T}\left[\frac{-t\cos n\omega t}{n\omega_0}\right]_0^{\frac{T}{2}} + \frac{4}{T}\int_0^{\frac{T}{2}}\frac{\cos n\omega t}{n\omega_0}\,dt$$

$$= \frac{4}{T}\frac{-1}{n\omega_0}\frac{T}{2}\cos n\pi = \frac{T}{n\pi}(-1)^{n+1}$$

ここで，$\cos n\pi = (-1)^n$ であることを使っている．そして，フーリエ級数は次式になる．

$$f(t) = \frac{T}{\pi}\sum_{n=1}^{\infty}\frac{(-1)^{n+1}\sin n\omega_0 t}{n}$$

4.1.4 ◆ フーリエ級数の応用例

本節では，工学，物理学におけるフーリエ級数の応用例を三つ紹介しよう．

(1) 直流電源の出力

ある直流電源の出力が，完全に電圧一定の直流ではなく，図 4.7 のように波打っていたとする．このような場合，波打っている成分の大きさをどのように定義し，表現したらよいだろうか．

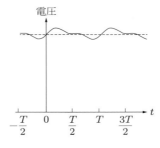

図 4.7 ある直流電源の出力（電圧が一定ではなく周期的に変動している）

120   第4章　フーリエ解析

このとき，次の**パーセバルの式** (Parseval's equality) が有用である．

$$\frac{1}{T}\int_{-\frac{T}{2}}^{\frac{T}{2}}(f(t))^2\,dt = \frac{a_0^2}{4} + \frac{1}{2}\sum_{n=1}^{\infty}(a_n^2 + b_n^2) \tag{4.19}$$

この式を証明するため，$f(t)$ の2乗 $f(t)f(t)$ を考え，二つの $f(t)$ のうち片方の $f(t)$ をフーリエ級数の形に書く．

$$(f(t))^2 = f(t)f(t) = \frac{a_0}{2}f(t) + \sum_{n=1}^{\infty}(a_n f(t)\cos n\omega_0 t + b_n f(t)\sin n\omega_0 t) \tag{4.20}$$

この式を項別に積分する．

$$\int_{-\frac{T}{2}}^{\frac{T}{2}}(f(t))^2\,dt = \frac{a_0}{2}\int_{-\frac{T}{2}}^{\frac{T}{2}}f(t)\,dt$$
$$+ \sum_{n=1}^{\infty}\left(a_n\int_{-\frac{T}{2}}^{\frac{T}{2}}f(t)\cos n\omega_0 t\,dt + b_n\int_{-\frac{T}{2}}^{\frac{T}{2}}f(t)\sin n\omega_0 t\,dt\right) \tag{4.21}$$

この式の右辺に，$\displaystyle\int_{-\frac{T}{2}}^{\frac{T}{2}}f(t)\cos n\omega_0 t\,dt = \frac{T}{2}a_n$，$\displaystyle\int_{-\frac{T}{2}}^{\frac{T}{2}}f(t)\sin n\omega_0 t\,dt = \frac{T}{2}b_n$ を代入すると，パーセバルの式が得られる．

　さて，電気回路で抵抗 R に電圧 v が印加されるとき，抵抗で消費される（瞬時）電力は $\dfrac{v^2}{R}$ である．このように，電力は v^2 に比例する．したがって，パーセバルの式を用いれば，抵抗 R に $f(t)$ で表される電圧が掛かっているときの消費電力の平均値は，

$$\frac{1}{T}\int_{-\frac{T}{2}}^{\frac{T}{2}}\frac{(f(t))^2}{R}\,dt = \frac{1}{R}\left\{\frac{a_0^2}{4} + \frac{1}{2}\sum_{n=1}^{\infty}(a_n^2 + b_n^2)\right\} \tag{4.22}$$

である．このうち，直流成分 $\dfrac{a_0}{2}$ の消費電力は $\dfrac{(a_0/2)^2}{R}$，つまり右辺第1項である．また，（本来あってはいけない）波打つ成分による消費電力は，右辺第2項 $\dfrac{1}{2R}\displaystyle\sum_{n=1}^{\infty}(a_n^2 + b_n^2)$ である．そこで，両者の比の平方根をリップル率 r と定義し，直流電源の品質を表す値とする．

$$r = \frac{\sqrt{2\displaystyle\sum_{n=1}^{\infty}(a_n^2 + b_n^2)}}{a_0} \tag{4.23}$$

直流電源の仕様書や取扱説明書に，この r の値が示されていることが多い．

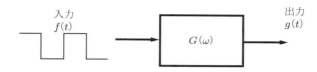

図 4.8 一般化された信号伝達システム $G(\omega)$

(2) 信号伝達システム

次に，図 4.8 のようなシステムを考えよう．この図の G と記した四角は，信号を伝達する媒体であり，$f(t)$ という信号が入力されると，出力側に $g(t)$ となって伝わる．具体例としては，たとえば電線や，信号をいったん何かに記録しあとで再生するレコーダーがある．この媒体が信号を伝達する特性（g の f に対する比）は信号の角周波数 ω に依存し，次式で表されるとする．

$$G(\omega) = \frac{1}{1 + \omega/\omega_c} \quad (\omega_c は定数) \tag{4.24}$$

つまり，この媒体では周波数が高いと信号が減衰し，ω が ω_c のときに $\frac{1}{2}$ になる．

この媒体に，図 4.2 に示す方形波 $f(t)$ が入力されたとすると，出力 $g(t)$ はどうなるだろうか．G の値は角周波数の値に依存するので，$f(t)$ をフーリエ級数として書けば，級数の各項に対する G の値が定まる（角周波数 $n\omega_0$ の項に対しては $G(n\omega_0)$ である）．図 4.2 の方形波のフーリエ級数は例題 4.1 で求めた．その結果を用いると，出力 $g(t)$ は次式で与えられる．

$$g(t) = \frac{4}{\pi} \sum_{n=1}^{\infty} G((2n-1)\omega_0) \frac{\sin(2n-1)\omega_0 t}{2n-1} = \frac{4}{\pi} \sum_{n=1}^{\infty} \frac{\sin(2n-1)\omega_0 t}{\{1 + (2n-1)\omega_0/\omega_c\}(2n-1)} \tag{4.25}$$

図 4.9 に，$\omega_c/\omega_0 = 20, 5, 3$ のときの出力 $g(t)$ を示す．ω_c が大きく，ω_0 の 20 倍であれば，出力の波は角が丸くなる程度である．しかし，ω_c が小さくなると，波形全体が丸みをおび，振幅も小さくなる．このように，フーリエ級数を用いることで，周波数によって特性が異なる系に任意の波形が入力されたときの解析を行うことができる．

(3) 弦の振動

最後に，弦の振動への応用を紹介する．図 4.10 に示すように，両端が固定された長さ L の弦がある．弦の振動は，以下の偏微分方程式（波動方程式）によって記述される．

$$\frac{\partial^2 Z(x,t)}{\partial t^2} = c^2 \frac{\partial^2 Z(x,t)}{\partial x^2} \tag{4.26}$$

ここで，$Z(x,t)$ は弦の位置 x における時刻 t での，静止位置からの変位であり，c は弦

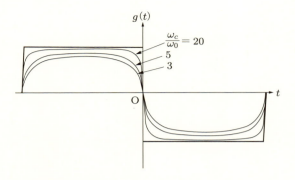

図 4.9 方形波入力に対する $G(\omega)$ の出力

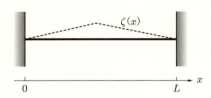

図 4.10 両端が固定された長さ L の弦

の材質と張力で決まる定数である．$Z(x,t)$ は次の形で書けると仮定する（変数分離，1.2.1 項参照）．

$$Z(x,t) = Z_x(x)Z_t(t) \tag{4.27}$$

これを波動方程式 (4.26) に代入すると

$$Z_x(x)\frac{d^2 Z_t(t)}{dt^2} = c^2 Z_t(t)\frac{d^2 Z_x(x)}{dx^2} \tag{4.28}$$

となり，これを $Z_x(x)Z_t(t)$ で割ると

$$\frac{1}{Z_t(t)}\frac{d^2 Z_t(t)}{dt^2} = \frac{c^2}{Z_x(x)}\frac{d^2 Z_x(x)}{dx^2} \tag{4.29}$$

となる．この式の左辺は t のみ，右辺は x のみの関数であり，等号が任意の x, t について成り立つには，両辺の値は x, t いずれにも依存しない定数である必要がある．その定数を $-c^2 k^2$ と書くと，波動方程式は以下の 2 式に分離される．

$$\frac{d^2 Z_t(t)}{dt^2} = -c^2 k^2 Z_t(t), \quad \frac{d^2 Z_x(x)}{dx^2} = -k^2 Z_x(x) \tag{4.30}$$

この一般解は，

$$Z_t(t) = P\cos(kct) + Q\sin(kct), \quad Z_x(x) = A\cos(kx) + B\sin(kx) \tag{4.31}$$

で与えられる。いま，長さ L の弦の両端が固定されているので，

$$Z_x(0) = 0, \quad Z_x(L) = 0 \tag{4.32}$$

であり，この第 1 式より $A = 0$ である。また，第 2 式より $\sin(kL) = 0$ であるので，

$$k = \frac{n\pi}{L} = nk_0 \quad \left(k_0 = \frac{\pi}{L}, \ n = 1, 2, 3, \dots\right) \tag{4.33}$$

でなければならない（のちほど述べるように，この k_0 がこれまで示してきた式の ω_0 に対応する）。n は任意の自然数であり，$\sin(nk_0x)$ の和で表される関数は与えられた方程式と境界条件 (4.32) を満たすから，一般に解は以下のように書ける。

$$Z_x(x) = \sum_n B_n \sin(nk_0x) \tag{4.34}$$

$$Z(x,t) = \sum_n B_n \sin(nk_0x) \left\{P_n \cos(nk_0ct) + Q_n \sin(nk_0ct)\right\}$$

$$= \sum_n \sin(nk_0x) \left\{P'_n \cos(nk_0ct) + Q'_n \sin(nk_0ct)\right\} \tag{4.35}$$

ここで，$P'_n = B_nP_n$，$Q'_n = B_nQ_n$ であり，この係数は初期条件を満たすように決定される。

初期条件の例として，弦が $t = 0$ において，ある形 $\zeta(x)$ で静止している場合を考える（例を図 4.10 に破線で示す）。$t = 0$ で静止しているという条件より，

$$\frac{\partial Z(x,t)}{\partial t}\bigg|_{t=0} = \sum_n Q'_n nk_0 c \sin(nk_0x) = 0 \tag{4.36}$$

であり，したがって $Q'_n = 0$ である。一方，P'_n は次式を満たす。

$$\zeta(x) = \sum_n P'_n \sin(nk_0x) \tag{4.37}$$

この式は，$t = 0$ での弦の変位 $\zeta(x)$ を周期 $2L$ の周期関数とみなし $\Big($つまり，ω_0 に対応する k_0 を $\frac{2\pi}{2L}$ とし$\Big)$，それをフーリエ級数に展開したものと見ることができる。$\sin$ の項だけで展開しているが，このことは，与えられていない $-L < x < 0$ の区間の関数を，全体の $-L < x < L$ の区間で関数が奇関数になるように定義していることに相当する。

フーリエ係数の計算により P'_n を求めれば，弦の振動の式が得られる。

$$Z(x,t) = \sum_n P'_n \sin(nk_0x) \cos(nk_0ct), \quad P'_n = \frac{4}{2L} \int_0^L \zeta(x) \sin(nk_0x) \, dx \tag{4.38}$$

124　第4章　フーリエ解析

なお，4.2.1 項では，別の初期条件に対する解を示す．

4.2　非周期関数へのフーリエ級数の拡張（フーリエ変換）

　これまでに学んだフーリエ級数は周期関数にのみ有効である．では，周期関数ではない関数についてどう対処すればよいだろうか．私たちが取り扱う工学・物理現象には周期的でないものも数多くある．本節では，フーリエ級数を周期的ではない関数に拡張したフーリエ変換・積分について考えてみよう．なお，例題として取り上げるデルタ関数も，工学上の諸問題を扱ううえできわめて重要である．

4.2.1◆複素フーリエ級数

　第3章で示したオイラーの公式 (3.4) より，三角関数 sin, cos は複素指数関数で書くことができる．よって，フーリエ級数も複素指数関数を用い，次のように書くことができる．

$$f(t) = \sum_{n=-\infty}^{\infty} c_n e^{in\omega_0 t} \tag{4.39}$$

これを**複素フーリエ級数** (complex Fourier series) という．三角関数のフーリエ級数と異なり，n についての和は $-\infty$ から ∞ までとる．また，係数 c_n は，a_n, b_n と以下の関係がある（この書き方では n はゼロおよび正の整数とし，c_{+n} に対しては，右辺の符号は $-$，c_{-n} に対しては右辺の符号は $+$ である．これを複号同順という）．

$$c_{\pm n} = \frac{a_n \mp ib_n}{2} \tag{4.40}$$

この関係式は以下のようにして確認される．まず，式 (4.39) を次のように変形する．

$$f(t) = c_0 + \sum_{n=1}^{\infty} \left(c_n e^{in\omega_0 t} + c_{-n} e^{-in\omega_0 t} \right) \tag{4.41}$$

この式の c_n, c_{-n} に式 (4.40) を代入すれば

$$f(t) = \frac{a_0}{2} + \sum_{n=1}^{\infty} \left\{ a_n \left(\frac{e^{in\omega_0 t} + e^{-in\omega_0 t}}{2} \right) + b_n \left(i\frac{-e^{in\omega_0 t} + e^{-in\omega_0 t}}{2} \right) \right\} \tag{4.42}$$

となるが，第3章の式 (3.23) より，これは三角関数を用いたフーリエ級数の式 (4.2)

と等しい．つまり，式 (4.40) のように c_n を定めれば，式 (4.39) と式 (4.2) は同じものである．

また，c_n は次式からも求めることができる．

$$
\begin{aligned}
c_{\pm n} &= \frac{1}{T} \int_{-\frac{T}{2}}^{\frac{T}{2}} f(t) e^{\mp in\omega_0 t} dt \quad (n \text{ はゼロおよび正の整数}) \\
c_n &= \frac{1}{T} \int_{-\frac{T}{2}}^{\frac{T}{2}} f(t) e^{-in\omega_0 t} dt \quad (n \text{ は正負を含めた整数})
\end{aligned} \tag{4.43}
$$

オイラーの公式を思い出せば，この式が式 (4.40) と等しいことも簡単に確認できる．

$$
\begin{aligned}
c_{\pm n} &= \frac{1}{T} \int_{-\frac{T}{2}}^{\frac{T}{2}} f(t)(\cos n\omega_0 t \mp i \sin n\omega_0 t)\, dt \\
&= \frac{1}{T} \int_{-\frac{T}{2}}^{\frac{T}{2}} f(t) \cos n\omega_0 t\, dt \mp i \frac{1}{T} \int_{-\frac{T}{2}}^{\frac{T}{2}} f(t) \sin n\omega_0 t\, dt \\
&= \frac{a_n \mp ib_n}{2}
\end{aligned} \tag{4.44}
$$

このように，複素フーリエ級数のほうが，三角関数のフーリエ級数より簡単な式になる．そして，次項で紹介するフーリエ変換へと発展させていくことができる．

例題 4.4 図 4.11 の周期関数 $f(t)$ の複素フーリエ級数を求めよ．

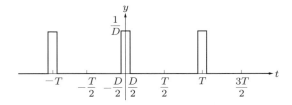

図 4.11 例題 4.4 の関数

解 この関数の 1 周期は

$$
f(t) = \begin{cases} \dfrac{1}{D} & \left(-\dfrac{D}{2} \leq t \leq \dfrac{D}{2}\right) \\ 0 & \left(-\dfrac{T}{2} \leq t < -\dfrac{D}{2},\ \dfrac{D}{2} < t < \dfrac{T}{2}\right) \end{cases}
$$

である．c_n は，式 (4.43) より，次のように計算される．

$$c_n = \frac{1}{T}\int_{-\frac{D}{2}}^{\frac{D}{2}} \frac{1}{D} e^{-in\omega_0 t} dt = \left[\frac{-e^{-in\omega_0 t}}{iTn\omega_0 D}\right]_{-\frac{D}{2}}^{\frac{D}{2}} = \frac{-e^{-in\omega_0 \frac{D}{2}} + e^{in\omega_0 \frac{D}{2}}}{iTn\omega_0 D}$$
$$= \frac{1}{T}\frac{\sin(n\omega_0 D/2)}{n\omega_0 D/2}$$

(ここでは n が正負の値をとるものとし, 「±」を除いてある.)

よって, $f(t)$ のフーリエ級数は次式で与えられる.

$$f(t) = \frac{1}{T}\sum_{n=-\infty}^{\infty} \frac{\sin(n\omega_0 D/2)}{n\omega_0 D/2} e^{in\omega_0 t}$$

また, この関数で $D \to 0$ とすると,

$$c_n = \frac{1}{T}, \quad f(t) = \frac{1}{T}\sum_{n=-\infty}^{\infty} e^{in\omega_0 t}$$

となる. つまり, 指数関数 $e^{in\omega_0 t}$ を正負の n について無限に足していくと, 限りなく細い柱が周期的に立ち並んだ関数になる.

図 4.11 の $t=0$ の 1 本の柱 $\left(f(t) = \frac{1}{D}, \; |t| \leq \frac{D}{2}\right)$ について $D \to 0$ とした関数を(ディラックの) **デルタ関数** (delta function) といい, $\delta(t)$ と表す (図 4.12). $\delta(t)$ は次のような性質をもっている.

$$\delta(t) = \begin{cases} 0 & (t \neq 0) \\ \infty & (t = 0) \end{cases} \tag{4.45}$$

$$\int_{-\infty}^{\infty} \delta(t)\,dt = 1 \tag{4.46}$$

$$\int_{-\infty}^{\infty} f(t)\delta(t)\,dt = f(0) \tag{4.47}$$

式 (4.47) は次のようにして示すことができる. $\delta(t)$ は $t \neq 0$ で $\delta(t) = 0$ であるので,

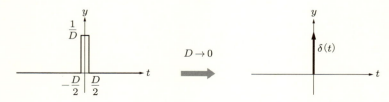

図 4.12　デルタ関数

積分区間を $-\varepsilon < t < \varepsilon$ と限ることができる（ε は限りなく小さくとれる）. この範囲で, $f(t)$ は $f(0)$ とみなしてよい. $f(0)$ は定数であるので積分の外に出すことができ, 式 (4.46) から式 (4.47) が得られる.

デルタ関数の「柱」の位置が $t = 0$ ではなく, $t = a$ であるなら, デルタ関数は $\delta(t-a)$ と書く. つまり, ( ) 内の変数の値がゼロになるところに「柱」が立つ. またこのとき,

$$\int_{-\infty}^{\infty} f(t)\delta(t-a)\,dt = f(a) \tag{4.48}$$

である.

デルタ関数は, たとえばカメラのフラッシュのような, 瞬間的な光（あるいはそのときに発光体に流れる電流）を近似的に表すのに使うことができる. また, 弦の振動の解析で用いられることもある. いま, 図 4.13 に示すように, 両端が固定された長さ L の弦を指ではじいたとする. はじいた地点の座標を a とする. はじいた直後の弦の各地点の速さは, はじいた範囲が十分小さいとすると, $u\delta(x-a)$ と近似的に表される（u は, はじく強さを表す定数）. $t = 0$ で弦は静止位置にあったとすれば, 初期条件は, 式 (4.36), (4.37) より

$$\left.\frac{\partial Z(x,t)}{\partial t}\right|_{t=0} = \sum_n Q'_n nk_0 c \sin(nk_0 x) = u\delta(x-a) \tag{4.49}$$

$$Z(x,0) = \sum_n P'_n \sin(nk_0 x) = 0 \tag{4.50}$$

となり, この第 2 式より $P'_n = 0$ である. また Q'_n は, 奇関数のフーリエ係数の計算式 (4.18) より, 以下のように求められる.

$$Q'_n = \frac{u}{nk_0 c}\frac{4}{2L}\int_0^L \delta(x-a)\sin(nk_0 x)\,dx = \frac{2u\sin(nk_0 a)}{nk_0 cL} \tag{4.51}$$

したがって, 弦の振動のようすは以下の式で計算される.

$$Z(x,t) = \sum_n \frac{2u\sin(nk_0 a)}{nk_0 cL}\sin(nk_0 x)\sin(nk_0 ct) \tag{4.52}$$

電線に雷が落ちたときの電流電圧を求める問題もこれとよく似た問題になり, 雷によっ

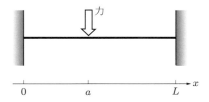

図 4.13 デルタ関数を使う問題の例. 長さ L の弦の 1 点をはじく

128 第4章 フーリエ解析

て生じた電圧がデルタ関数で表される.

4.2.2 ◆ フーリエ変換・フーリエ積分

フーリエ級数は，周期 T で繰り返す周期関数を表すものだった．では，周期関数ではない一般の関数を，同じように指数関数や三角関数で表すことはできるだろうか．

非周期関数は，周期関数の周期 T を無限大にしたものと考えることができる．複素フーリエ級数で，ω_0 の代わりに $\dfrac{2\pi}{T}$ と書くと，

$$f(t) = \sum_{n=-\infty}^{\infty} c_n e^{i\frac{2n\pi}{T}t} \tag{4.53}$$

$$c_n = \frac{1}{T} \int_{-\frac{T}{2}}^{\frac{T}{2}} f(t) e^{-i\frac{2n\pi}{T}t} dt \tag{4.54}$$

となる．この二つの式をあわせると，

$$f(t) = \sum_{n=-\infty}^{\infty} e^{i\frac{2n\pi}{T}t} \frac{1}{T} \int_{-\frac{T}{2}}^{\frac{T}{2}} f(\tau) e^{-i\frac{2n\pi}{T}\tau} d\tau \tag{4.55}$$

となる（ここでは c_n を求める定積分の変数を τ に変更してある）．さらに，

$$\frac{2\pi}{T} = \omega_0 = \Delta\omega \tag{4.56}$$

と記号を書き換えてみよう．

$$f(t) = \frac{1}{2\pi} \sum_{n=-\infty}^{\infty} e^{in\Delta\omega t} \Delta\omega \int_{-\frac{T}{2}}^{\frac{T}{2}} f(\tau) e^{-in\Delta\omega\tau} d\tau \tag{4.57}$$

$f(t)$ が非周期関数なら，この式で $T \to \infty$，$\Delta\omega \to 0$ となる．ところで，一般に関数 $\phi(x)$ の積分は以下のように定義された．

$$\int_{-\infty}^{\infty} \phi(x)\,dx = \lim_{\Delta x \to 0} \sum_{n=-\infty}^{\infty} \Delta x \phi(n\Delta x) \tag{4.58}$$

したがって，式 (4.57) で $\Delta\omega \to 0$ とすると，$n\Delta\omega$ が連続変数の ω になり，n についての和が ω についての積分になる（図 4.14）．

$$f(t) = \frac{1}{2\pi} \int_{-\infty}^{\infty} e^{i\omega t} \left(\int_{-\infty}^{\infty} f(\tau) e^{-i\omega\tau} d\tau \right) d\omega \tag{4.59}$$

この式を，以下のように書く.

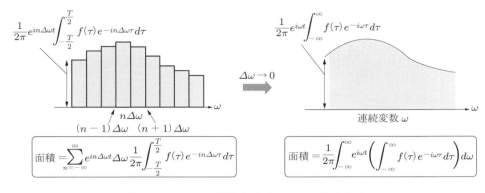

図 4.14 フーリエ級数（左）とフーリエ積分（右）

$$f(t) = \frac{1}{\sqrt{2\pi}} \int_{-\infty}^{\infty} F(\omega) e^{i\omega t} d\omega \tag{4.60}$$

$$F(\omega) = \frac{1}{\sqrt{2\pi}} \int_{-\infty}^{\infty} f(\tau) e^{-i\omega \tau} d\tau \tag{4.61}$$

$F(\omega)$ を $f(t)$ の**フーリエ変換**(Fourier transform) といい，フーリエ級数の係数 c_n が連続変数 ω の関数になったものと考えればよい．また，式 (4.60) を**フーリエ積分**(Fourier integral) という．つまり，離散的な ω の値で係数を求めて和をとるのがフーリエ級数であるのに対し，ω の刻み幅を無限に小さくして連続変数とし積分をするのがフーリエ積分である（ただし，式 (4.61) の値が求められるためには $\int_{-\infty}^{\infty} |f(t)| dt$ が有限の値であることが必要であり，そのためには $f(\pm \infty) = 0$ である必要がある）．

$F(\omega)$ は，$f(t)$ がどのような周波数の成分により成り立っているかを表すものであり，周波数スペクトルというよび方もされる（$F(\omega)$ の式の $i\omega$ を s で置き換えれば，最初の係数が異なるだけで，次章で学ぶラプラス変換の式と同じ式になる．実際，以下で示すように，ラプラス変換とフーリエ変換では，同様な公式が成り立つ）．

フーリエ級数と同様に，$f(t)$ が偶関数あるいは奇関数の場合は，フーリエ変換は以下の式で与えられる．

$$偶関数 : f(t) = \sqrt{\frac{2}{\pi}} \int_0^{\infty} F(\omega) \cos \omega t \, d\omega \tag{4.62}$$

$$F(\omega) = \sqrt{\frac{2}{\pi}} \int_0^{\infty} f(\tau) \cos \omega \tau \, d\tau \tag{4.63}$$

$$\text{奇関数}: f(t) = \sqrt{\frac{2}{\pi}} \int_0^\infty iF(\omega) \sin \omega t \, d\omega \tag{4.64}$$

$$iF(\omega) = \sqrt{\frac{2}{\pi}} \int_0^\infty f(\tau) \sin \omega \tau \, d\tau \tag{4.65}$$

例題 4.5 図 4.12 に示した関数のフーリエ変換を求めよ．

解 まず，左の図（有限の D の値）を考えよう．

$$F(\omega) = \frac{1}{\sqrt{2\pi}} \int_{-\frac{D}{2}}^{\frac{D}{2}} \frac{1}{D} e^{-i\omega\tau} d\tau = \frac{1}{\sqrt{2\pi}} \left[\frac{-e^{-i\omega\tau}}{iD\omega} \right]_{-\frac{D}{2}}^{\frac{D}{2}}$$

$$= \frac{1}{\sqrt{2\pi}} \frac{-e^{-i\omega\frac{D}{2}} + e^{i\omega\frac{D}{2}}}{iD\omega} = \frac{1}{\sqrt{2\pi}} \frac{\sin(\omega D/2)}{\omega D/2}$$

ここで，$D \to 0$ とすれば，右図のデルタ関数のフーリエ変換が得られる．

$$F(\omega) = \frac{1}{\sqrt{2\pi}}$$

つまり，デルタ関数 $\delta(t)$ のフーリエ変換は一定値 $\dfrac{1}{\sqrt{2\pi}}$ である（これは，式 (4.47) を用いれば，式 (4.61) からただちに得ることができる）．

例題 4.6 図 4.15 の関数のフーリエ変換を求めよ．

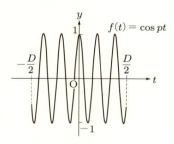

図 4.15 有限の範囲の cos 関数

解 この関数は，$\cos pt$ を $-\dfrac{D}{2}$ から $\dfrac{D}{2}$ の範囲だけ切り取ったものである．偶関数であるので，

$$F(\omega) = \sqrt{\frac{2}{\pi}} \int_0^{\frac{D}{2}} \cos(pt) \cos \omega t \, dt$$

$$= \sqrt{\frac{2}{\pi}} \int_0^{\frac{D}{2}} \frac{\cos(p+\omega)t + \cos(p-\omega)t}{2} dt$$

$$= \frac{1}{\sqrt{2\pi}} \left\{ \frac{\sin((p+\omega)D/2)}{p+\omega} + \frac{\sin((p-\omega)D/2)}{p-\omega} \right\}$$

となる．この $F(\omega)$ は，図 4.16 に示すように $\omega = \pm p$ で極大となり，そこから離れるにつれて小さくなる．もし D が無限大ならば，$f(t) = \cos pt = \dfrac{e^{ipt} + e^{-ipt}}{2}$ であるので，$f(t)$ は $e^{\pm ipt}$ の二つの指数関数成分だけからなるが，有限の長さで切られているために，$\omega = \pm p$ 以外の成分も混ざり，図のような広がりのある周波数スペクトル $F(\omega)$ になる．

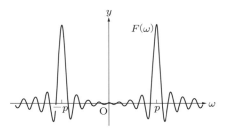

図 4.16 図 4.15 の関数のフーリエ変換

フーリエ変換を用いると，図 4.8 のようなシステムの応答を，任意の入力波形に対して求めることができる．まず，入力信号 $f(t)$ のフーリエ変換 $F(\omega)$ を求める．角周波数 ω の成分をこのシステムが伝える特性が $G(\omega)$ である．$f(t)$ には角周波数 ω の成分が $F(\omega)$ だけ含まれており，それがこのシステムを通ると $G(\omega)F(\omega)$ になる．これは，出力 $g(t)$ のフーリエ変換が $G(\omega)F(\omega)$ で与えられるということである．そして，出力 $g(t)$ は

$$g(t) = \frac{1}{\sqrt{2\pi}} \int_{-\infty}^{\infty} G(\omega)F(\omega)e^{i\omega t} d\omega$$

で与えられる．

4.2.3 ◆ フーリエ変換に関する公式

関数 $f(t)$ とそのフーリエ変換 $F(\omega)$ に対して，表 4.1 に示す式が成り立つ（ラプラス変換の公式，表 5.2 と共通する部分が多い）．たとえば②のように，$f(t)$ のフーリエ変換が $F(\omega)$ であるとき，関数 $f(t-\tau)$ のフーリエ変換は $e^{-i\omega\tau}F(\omega)$ である（②，③，⑤については章末問題 4.4 で導く）．

表 4.1　フーリエ変換の公式

(a, b, τ, ω_1：実数，k：自然数)

	$f(t)$	$F(\omega)$
①	$af_1(t) + bf_2(t)$	$aF_1(\omega) + bF_2(\omega)$
②	$f(t-\tau)$	$e^{-i\omega\tau}F(\omega)$
③	$f(at)$	$\dfrac{1}{a}F\left(\dfrac{\omega}{a}\right)$
④	$e^{i\omega_1 t}f(t)$	$F(\omega - \omega_1)$
⑤	$\dfrac{d^k f(t)}{dt^k}$	$(i\omega)^k F(\omega)$
⑥	$\displaystyle\int_{-\infty}^{t} f(\tau)d\tau$	$\dfrac{1}{i\omega}F(\omega)$

◆ 章末問題

4.1 図 4.17 に示した関数 $f(t)$ のフーリエ級数をそれぞれ求めよ．

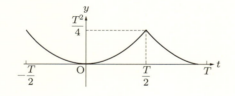

（1）2次関数

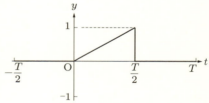

（2）のこぎり波の正の部分

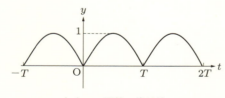

（3）sin 関数の絶対値

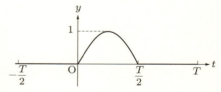

（4）sin 関数の正の部分

図 4.17　問題 4.1 の関数

4.2 図 4.18 の三角波 $f(t)$ のフーリエ級数を求めよ．次に，その級数を項別に微分せよ．得られる級数はどのような関数のフーリエ級数になっているか考えよ．

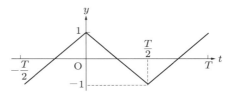

図 4.18 三角波

4.3 例題 4.1 の結果を利用して，次の数列の和を求めよ．
$$1 - \frac{1}{3} + \frac{1}{5} - \frac{1}{7} + \cdots = \sum_{n=1}^{\infty} \frac{(-1)^{n-1}}{2n-1}$$

4.4 関数 $f(t)$ のフーリエ変換が $F(\omega)$ であるとき，次の関数のフーリエ変換を求めよ（表 4.1 の公式を確認せよ）．

(1) $f(t-\tau)$ (2) $f(at)$ (3) $\dfrac{df(t)}{dt}$

4.5 図 4.19 の三角波 $f(t)$ のフーリエ変換 $f(\omega)$ を求めよ．

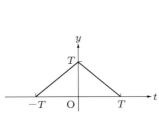

図 4.19 三角波

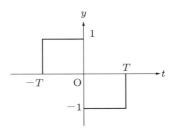

図 4.20 図 4.19 を微分した関数

4.6 図 4.20 の関数 $f(t)$ のフーリエ変換 $F(\omega)$ を，式 (4.61) を使って求めよ．この関数は，問題 4.5 の関数を微分したものである．表 4.1 の公式を用いて問題 4.5 の関数の微分のフーリエ変換を求め，それと一致することを確かめよ．

4.7 式 (4.62), (4.63) を用いて，次式が成り立つことを示せ．
$$\int_0^\infty \frac{\sin t \cos \omega t}{t} dt = \begin{cases} \dfrac{\pi}{2} & (0 \leq \omega < 1) \\ 0 & (\omega > 1) \end{cases}$$

第5章
ラプラス変換

> ラプラス変換とは，時間関数を積分して新たな独立変数の関数に変換する，というような積分変換の一つである．ラプラス変換を基礎と工学的応用の両面から学ぼう．工学的応用の一例として，第1章で学んだ微分方程式の解法の代替ツールになることがあげられる．また，今後，制御工学を学ぶことになれば，たとえばロボットや自動車のエンジンなどの制御対象についての入出力の関係を表す際にも利用される．
>
> 一方，このほかの積分変換として，第4章で学んだフーリエ変換がある．本章では，フーリエ変換とラプラス変換の違いについても学ぶ．

5.1 ラプラス変換とは

ラプラス変換は関数の**積分変換**の一つである．いま，時間関数 $f(t)$ に対して，次式で示す積分を施して得られる関数 $F(y)$ を考える．

$$F(y) = \int_a^b K(y,t) f(t)\, dt \qquad (5.1)$$

関数の変数は，時間 t から y に変換されたことになる．実は，a，b，$K(y,t)$ の与え方によって，式 (5.1) はラプラス変換となったり，フーリエ変換となったりする．すなわち，ラプラス変換もフーリエ変換も積分変換の仲間である．

5.1.1 ◆ ラプラス変換と逆ラプラス変換の定義

ラプラス変換と逆ラプラス変換の定義を説明しよう．また，ラプラス変換にも変換の不可能な関数があることについても述べる．$0 \leq t < \infty$ で定義された連続関数 $f(t)$ に対して，

$$F(s) = \int_0^\infty e^{-st} f(t)\, dt \qquad (5.2)$$

という積分を定義する．$f(t)$ を原関数，$F(s)$ を像関数，e^{-st} を収束因子という．式 (5.2) を $f(t)$ の**ラプラス変換** (Laplace transform) という．この積分変換を行う演算

子を**ラプラス演算子** (Laplace operator) といい，記号 $\mathcal{L}\{\cdot\}$ を用いて，

$$F(s) = \mathcal{L}\{f(t)\} \tag{5.3}$$

と表す．

　なお，関数 $f(t)$ は便宜的に $t < 0$ で $f(t) = 0$ と考えることにする．式 (5.2) の広義積分† は s の値によっては収束しない場合もあるが，$F(s)$ は広義積分が収束する範囲の s に対して定義される．よって，$F(s)$ が存在するような s の範囲でのみ考えることとする．具体的に，ラプラス変換が可能な関数とは，ある定数 M と c があって，すべての t $(0 < t < \infty)$ に対して，

$$|f(t)| < Me^{ct} \tag{5.4}$$

が成り立つものである．ラプラス変換のできない関数には，たとえば e^{t^t} がある．

　一方，**逆ラプラス変換** (inverse Laplace transform) は，

$$f(t) = \lim_{p \to \infty} \frac{1}{2\pi i} \int_{c-ip}^{c+ip} F(s)e^{st}ds \tag{5.5}$$

のように定義され，記号 $\mathcal{L}^{-1}\{\cdot\}$ を用いて，

$$f(t) = \mathcal{L}^{-1}\{F(s)\} \tag{5.6}$$

と表す．ただし，逆ラプラス変換の定義式は複雑なので，本書ではこの定義式を用いることなく，逆ラプラス変換を行うことにする．

例題 5.1　次の時間関数のラプラス変換を求めよ．

(1) $f(t) = \begin{cases} 0 & (t < 0) \\ 1 & (0 \le t < 1) \\ 0 & (t \ge 1) \end{cases}$
　　(2) $f(t) = \begin{cases} 0 & (t < 0) \\ t & (0 \le t < 1) \\ 0 & (t \ge 1) \end{cases}$

解　(1) 与えられた時間関数を，ラプラス変換の定義式に代入すると，以下を得る．

$$F(s) = \int_0^\infty e^{-st} f(t)\, dt = \int_0^1 e^{-st} dt = \frac{1 - e^{-s}}{s} \tag{5.7}$$

$\dagger$　広義積分とは，定積分において，積分区間の端点（片方または両方）を実数か正または負の無限大に近づけたときの極限である．たとえば $\displaystyle\int_a^\infty f(t)\, dt := \lim_{x \to \infty} \int_a^x f(t)\, dt$.

136　第 5 章　ラプラス変換

(2) 同様に，以下を得る．

$$F(s) = \int_0^\infty e^{-st} f(t)\, dt = \int_0^1 e^{-st} t\, dt = \frac{1 - e^{-s}}{s^2} - \frac{e^{-s}}{s} \tag{5.8}$$

5.1.2◆ ラプラス変換とフーリエ変換の違い

　フーリエ変換の定義と比べながら，ラプラス変換との違いを学ぶ．ラプラス変換と**フーリエ変換** (Fourier transform) を以下に並べて表記する．

$$F(s) = \int_0^\infty e^{-st} f(t)\, dt \tag{5.9}$$

$$F(\omega) = \int_{-\infty}^\infty e^{-i\omega t} f(t)\, dt \tag{5.10}$$

第 4 章で示されたフーリエ変換には係数 $\dfrac{1}{\sqrt{2\pi}}$ が付いていたが，本章では便宜上，$\dfrac{1}{\sqrt{2\pi}}$ を付けない形を考える．二つの変換を見比べると，積分区間の違い，得られる関数が s の関数か ω の関数かの違い等があるが，非常によく似ていることがわかる．その違いを表 5.1 にまとめる．

表 5.1　ラプラス変換とフーリエ変換の定義の比較

式 (5.1)	ラプラス変換	フーリエ変換
a	0	$-\infty$
b	∞	∞
y	s	ω
$K(y,t)$	e^{-st}	$e^{-i\omega t}$

　ラプラス変換の定義式 (5.9) の s は複素数であり，それを $s = \sigma + i\omega$ とおくと，

$$F(s) = \int_0^\infty e^{-(\sigma + i\omega)t} f(t)\, dt \tag{5.11}$$

$$= \int_0^\infty e^{-i\omega t} (e^{-\sigma t} f(t))\, dt \tag{5.12}$$

となる．ただし，$t < 0$ で $f(t) = 0$ なので，

$$F(s) = \int_{-\infty}^\infty e^{-i\omega t} (e^{-\sigma t} f(t))\, dt \tag{5.13}$$

としてもよい．この式から，時間関数 $f(t)$ のラプラス変換は，時間関数 $f(t)$ に $e^{-\sigma t}$ を掛けたもののフーリエ変換に等しいことがわかる．よって，時間関数 $f(t)$ がフーリ

エ変換のできない関数であっても，$e^{-\sigma t}$ を掛けることでフーリエ変換ができるかもしれない．すなわち，フーリエ変換のできない関数でもラプラス変換はできるかもしれない．本書では，ラプラス変換やフーリエ変換ができる関数のみを扱う．ここでは，ラプラス変換とフーリエ変換の間に関係があることを覚えておこう．

5.1.3 ◆ 代表的な関数のラプラス変換

本章での最終目標は，5.1.1 項で定義されたラプラス変換を適用して微分方程式を解くことにある．そこで，工学で扱う代表的な関数である単位ステップ関数，指数関数，多項式関数，三角関数，(ディラックの) デルタ関数のラプラス変換を，その定義から求めながら，ラプラス変換を学んでいくことにする．

(1) 単位ステップ関数 $f(t) = u(t)$

図 5.1 に表される**単位ステップ関数** (unit step function) は，以下の式で表される．

$$u(t) = \begin{cases} 0 & (t < 0) \\ 1 & (t \geq 0) \end{cases} \tag{5.14}$$

これを式 (5.2) の定義式に代入すると，以下を得る．

$$\mathcal{L}\{u(t)\} = \int_0^\infty e^{-st} dt = \left[-\frac{1}{s} e^{-st}\right]_0^\infty = \frac{1}{s} \tag{5.15}$$

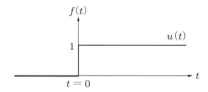

図 5.1 単位ステップ関数

(2) 指数関数 $f(t) = e^{-at}$

(1) と同様に，$f(t) = e^{-at}$ を定義式 (5.2) に代入すると，

$$\mathcal{L}\{e^{-at}\} = \int_0^\infty e^{-st} e^{-at} dt = \left[-\frac{1}{s+a} e^{-(s+a)t}\right]_0^\infty = \frac{1}{s+a} \tag{5.16}$$

を得る．ただし，ラプラス変換を可能とするために $s > -a$ とする．ここで，$a = 0$ とした場合が式 (5.15) と一致する．

(3) 多項式関数 $f(t) = t$

$f(t) = t$ を定義式 (5.2) に代入し，部分積分を行うと，

138 第 5 章 ラプラス変換

$$\mathcal{L}\{t\} = \int_0^\infty e^{-st} t \, dt = \frac{1}{s} \int_0^\infty e^{-st} dt - \frac{1}{s} \left[te^{-st} \right]_0^\infty = \frac{1}{s^2} \tag{5.17}$$

を得る. ただし, ラプラス変換を可能とするために $s > 0$ とする. ここで, この部分積分を繰り返すことで, $f(t) = t^n$ (n は自然数) のラプラス変換を以下のように求めることができる.

$$\mathcal{L}\{t^n\} = \frac{n!}{s^{n+1}} \tag{5.18}$$

(4) 三角関数 $f(t) = \sin \omega t$, $f(t) = \cos \omega t$

$f(t) = \sin \omega t$ を定義式 (5.2) に代入し, 部分積分を用いると,

$$\mathcal{L}\{\sin \omega t\} = \int_0^\infty e^{-st} \sin \omega t \, dt = \left[-\frac{1}{s} e^{-st} \sin \omega t \right]_0^\infty + \frac{\omega}{s} \int_0^\infty e^{-st} \cos \omega t \, dt$$

$$= \frac{\omega}{s} \mathcal{L}\{\cos \omega t\} \tag{5.19}$$

となる. $f(t) = \cos \omega t$ を定義式 (5.2) に代入し, 部分積分を用いると,

$$\mathcal{L}\{\cos \omega t\} = \int_0^\infty e^{-st} \cos \omega t \, dt = \left[-\frac{1}{s} e^{-st} \cos \omega t \right]_0^\infty - \frac{\omega}{s} \int_0^\infty e^{-st} \sin \omega t \, dt$$

$$= \frac{1}{s} - \frac{\omega}{s} \mathcal{L}\{\sin \omega t\} \tag{5.20}$$

となる. 式 (5.20) を式 (5.19) に代入すると,

$$\mathcal{L}\{\sin \omega t\} = \frac{\omega}{s} \left[\frac{1}{s} - \frac{\omega}{s} \mathcal{L}\{\sin \omega t\} \right] = \frac{\omega}{s^2} - \frac{\omega^2}{s^2} \mathcal{L}\{\sin \omega t\}$$

$$\left(1 + \frac{\omega^2}{s^2} \right) \mathcal{L}\{\sin \omega t\} = \frac{\omega}{s^2}$$

$$\mathcal{L}\{\sin \omega t\} = \frac{\omega}{s^2 + \omega^2} \tag{5.21}$$

を得る. 同様に, 以下を得る.

$$\mathcal{L}\{\cos \omega t\} = \frac{s}{s^2 + \omega^2} \tag{5.22}$$

(5) デルタ関数 $f(t) = \delta(t)$

第 4 章で扱った**デルタ関数** (delta function) を再掲する. デルタ関数 $\delta(t)$ は,

$$\delta(t) = \begin{cases} \infty & (t = 0) \\ 0 & (t \neq 0) \end{cases} \tag{5.23}$$

として表され,

$$\int_{-\infty}^\infty \delta(t) \, dt = 1 \tag{5.24}$$

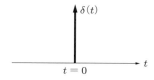

図 5.2 デルタ関数

を満たす関数であり，図 5.2 に示される．また，時間を $t-a$ とおくと，

$$\delta(t-a) = \begin{cases} \infty & (t=a) \\ 0 & (t \neq a) \end{cases} \tag{5.25}$$

となり，任意の連続関数 $f(t)$ について，

$$\int_{-\infty}^{\infty} f(t)\delta(t-a)\,dt = f(a) \tag{5.26}$$

が成り立つ．$f(t) = \delta(t)$ を定義式 (5.2) に代入すると，

$$\mathcal{L}\{\delta(t)\} = \int_0^{\infty} e^{-st}\delta(t)\,dt = \int_{-\infty}^{\infty} e^{-st}\delta(t)\,dt = 1 \tag{5.27}$$

を得る．また，$f(t) = \delta(t-a)$ を定義式 (5.2) に代入すると，以下を得る．

$$\mathcal{L}\{\delta(t-a)\} = \int_0^{\infty} e^{-st}\delta(t-a)\,dt = \int_{-\infty}^{\infty} e^{-st}\delta(t-a)\,dt = e^{-as} \tag{5.28}$$

以上の基本関数のラプラス変換を表 5.2 にまとめておく．⑥，⑨および⑩は，それぞれ④と⑬，⑦と⑬，および⑧と⑬を使って導くことができる．また，⑥，⑪および⑫は，それぞれ③と⑭，⑦と⑭，および⑧と⑭を使って導くことができる．⑬は，ラプラス変換の定義式 (5.2) の $f(t)$ の代わりに $e^{-at}f(t)$ を代入して置換積分を行うことで，⑭は，ラプラス変換の定義式 (5.2) の $f(t)$ の代わりに $tf(t)$ を代入して部分積分を行うことで導くことができる．

5.1.4 ◆ ラプラス変換の性質

ラプラス変換を使ううえで覚えておくべき性質として，線形性，微分則，積分則，時間推移則，合成積則がある．とくに，微分方程式を解くためには，未知関数の導関数をラプラス変換する必要がある．ここで，$f(t)$ と $g(t)$ をラプラス変換したものをそれぞれ $F(s) = \mathcal{L}\{f(t)\}$ と $G(s) = \mathcal{L}\{g(t)\}$ とする．

(1) 線形性

関数 $f(t)$ と関数 $g(t)$ の線形結合である $c_1 f(t) + c_2 g(t)$（c_1, c_2 は定数）をラプラス変換すると，

140 第 5 章 ラプラス変換

表 5.2 ラプラス変換表 (a, ω：定数)

	原関数 $f(t)$	像関数 $F(s) = \mathcal{L}\{f(t)\}$		原関数 $f(t)$	像関数 $F(s) = \mathcal{L}\{f(t)\}$
①	$\delta(t)$	1	⑧	$\sin\omega t$	$\dfrac{\omega}{s^2 + \omega^2}$
②	$u(t)$	$\dfrac{1}{s}$	⑨	$e^{-at}\cos\omega t$	$\dfrac{s + a}{(s + a)^2 + \omega^2}$
③	e^{-at}	$\dfrac{1}{s + a}$	⑩	$e^{-at}\sin\omega t$	$\dfrac{\omega}{(s + a)^2 + \omega^2}$
④	t	$\dfrac{1}{s^2}$	⑪	$t\cos\omega t$	$\dfrac{s^2 - \omega^2}{(s^2 + \omega^2)^2}$
⑤	t^n	$\dfrac{n!}{s^{n+1}}$	⑫	$t\sin\omega t$	$\dfrac{2\omega s}{(s^2 + \omega^2)^2}$
⑥	te^{-at}	$\dfrac{1}{(s + a)^2}$	⑬	$e^{-at}f(t)$	$F(s + a)$
⑦	$\cos\omega t$	$\dfrac{s}{s^2 + \omega^2}$	⑭	$tf(t)$	$-\dfrac{dF(s)}{ds}$

$$\mathcal{L}\{c_1 f(t) + c_2 g(t)\} = c_1\mathcal{L}\{f(t)\} + c_2\mathcal{L}\{g(t)\} = c_1 F(s) + c_2 G(s) \tag{5.29}$$

となり，線形性が成り立つことがわかる．

(2) 微分則

関数 $f(t)$ の時間微分 $\dfrac{df(t)}{dt}$ に対するラプラス変換は，ラプラス変換の定義式 (5.2)
に代入して，部分積分を適用することで，

$$\mathcal{L}\left\{\frac{df(t)}{dt}\right\} = \int_0^\infty \left(e^{-st}\frac{df(t)}{dt}\right)dt = \left[e^{-st}f(t)\right]_0^\infty + s\int_0^\infty e^{-st}f(t)\,dt$$
$$= sF(s) - f(0) \tag{5.30}$$

となる．同様に，2 階導関数や一般の n 階導関数についても，ラプラス変換の定義式
を用いて導出することができる．

(3) 積分則

関数 $f(t)$ の時間積分 $\displaystyle\int f(t)\,dt$ に対するラプラス変換は，ラプラス変換の定義式 (5.2)
に代入し，部分積分を適用することで，以下のように得られる．

$$\mathcal{L}\left\{\int_0^t f(t)\,dt\right\} = \int_0^\infty \left(e^{-st}\int_0^t f(t)\,dt\right)dt$$
$$= \left[-\frac{1}{s}e^{-st}\int_0^t f(t)\,dt\right]_0^\infty + \frac{1}{s}\int_0^\infty f(t)e^{-st}\,dt$$
$$= \frac{F(s)}{s} \tag{5.31}$$

5.1 ラプラス変換とは **141**

（4） 時間推移則

関数 $f(t)$ の時間軸を $\tau > 0$ だけ遅らせた $f(t-\tau)$ に対するラプラス変換は，ラプラス変換の定義式 (5.2) に $f(t-\tau)$ を代入し，$t_1 = t - \tau$ と変数変換すると，

$$\mathcal{L}\{f(t-\tau)\} = \int_0^\infty e^{-st} f(t-\tau)\, dt = \int_{-\tau}^\infty e^{-s(t_1+\tau)} f(t_1)\, dt_1$$

$$= e^{-s\tau} \int_{-\tau}^\infty e^{-st_1} f(t_1)\, dt_1 \tag{5.32}$$

となる．ここで，$t < 0$ では $f(t) = 0$ と定義していたので，以下が得られる．

$$\mathcal{L}\{f(t-\tau)\} = e^{-s\tau} \int_0^\infty e^{-st_1} f(t_1)\, dt_1 = e^{-s\tau} F(s) \tag{5.33}$$

（5） 合成積則

合成積とは，

$$\int_0^\infty f(t)g(t-\tau)\, d\tau = f(t) * g(t) \tag{5.34}$$

と表される関数である．通常の合成積では $(-\infty, \infty)$ で定義された関数を扱うので，積分区間は $(-\infty, \infty)$ であるが，ラプラス変換する関数は $(0, \infty)$ で定義された関数とするので，式 (5.34) の積分区間を $(0, \infty)$ としている．

合成積には，以下の交換則がある．

$$\int_0^\infty f(t)g(t-\tau)\, d\tau = \int_0^\infty f(t-\tau)g(\tau)\, d\tau \tag{5.35}$$

この合成積のラプラス変換は，ラプラス変換の定義式 (5.2) に式 (5.34) を代入すると，

$$\mathcal{L}\left\{\int_0^\infty f(\tau)g(t-\tau)\, d\tau\right\} = \int_0^\infty \left(e^{-st} \int_0^\infty f(\tau)g(t-\tau)\, d\tau\right) dt$$

$$= \int_0^\infty \left(\int_0^\infty e^{-st} f(\tau)g(t-\tau)\, dt\right) d\tau$$

となる．$t_1 = t - \tau$ とおくと，以下を得る．

$$= \int_0^\infty \left\{e^{-s(t_1+\tau)} \int_0^\infty f(\tau)g(t_1)\, d\tau\right\} dt_1$$

$$= \int_0^\infty e^{-s\tau} f(\tau) \left(\int_0^\infty e^{-st_1} g(t_1)\, dt_1\right) d\tau = F(s)G(s) \tag{5.36}$$

以上のラプラス変換の性質を表 5.3 にまとめておく．ただし，$f^{(n)}(t)$ は $\dfrac{d^n f(t)}{dt^n}$ を表す．

表 5.3 ラプラス変換の性質（c_1, c_2：定数，n：整数，$\tau > 0$）

原関数	像関数
$c_1 f(t) + c_2 g(t)$	$c_1 F(s) + c_2 G(s)$
$\dfrac{df(t)}{dt}$	$sF(s) - f(0)$
$f^{(n)}(t)$	$s^n F(s) - \{s^{n-1} f(0) + s^{n-2} f^{(1)}(0) + \cdots + f^{(n-1)}(0)\}$
$\displaystyle\int_0^t f(t)dt$	$\dfrac{F(s)}{s}$
$f(t - \tau)$	$e^{-s\tau} F(s)$
$f(t) * g(t)$	$F(s)G(s)$

$(F(s) = \mathcal{L}\{f(t)\},\ G(s) = \mathcal{L}\{g(t)\},\ f(t) = \mathcal{L}^{-1}\{F(s)\},\ g(t) = \mathcal{L}^{-1}\{G(s)\})$

5.2 ラプラス変換はどう役立つか

　時間関数 $f(t)$ を s の関数 $F(s)$ に変換するだけのラプラス変換が何に役に立つのだろうか．ラプラス変換の工学的応用の一つとして，先にも述べたが，第 1 章で学んだ微分方程式の解法に用いることができる．実際に使ってみよう．
　次式で表される微分方程式をラプラス変換してみよう．

$$\frac{d^2 x(t)}{dt^2} + 3\frac{dx(t)}{dt} + 2x(t) = 2, \quad x(0) = 1, \quad \frac{dx(0)}{dt} = 2 \tag{5.37}$$

$X(s) = \mathcal{L}\{x(t)\}$ とすると，第 1 式は

$$s^2 X(s) - sx(0) - x^{(1)}(0) + 3(sX(s) - x(0)) + 2X(s) = \frac{2}{s} \tag{5.38}$$

となる．ここで，初期条件を代入すると，

$$s^2 X(s) - s - 2 + 3sX(s) - 3 + 2X(s) = \frac{2}{s} \tag{5.39}$$

となる．これは，$X(s)$ に関する代数方程式となっている．つまり，微分方程式はラプラス変換によって s 領域の代数方程式になり，次のような分数多項式として簡単に $X(s)$ を求めることが可能となる．

$$X(s) = \frac{s^2 + 5s + 2}{s(s^2 + 3s + 2)} \tag{5.40}$$

ただしこれでは，$x(t)$ をラプラス変換した関数 $X(s)$ を求めたことにしかならないので，$X(s)$ から $x(t)$ を求める，すなわち，$X(s)$ を逆ラプラス変換して $x(t)$ を求める必要がある．

5.2.1 ◆ 逆ラプラス変換

逆ラプラス変換の定義は式 (5.5) で表されるが，これを用いて式 (5.40) の逆ラプラ
ス変換を求めることは非常に困難である．一方，表 5.2 のラプラス変換表に示された
像関数であれば，簡単に逆ラプラス変換が行える．もし，式 (5.40) の $X(s)$ を，この
ラプラス変換表に示された像関数の和として分解することができたら，逆ラプラス変
換は容易となることがわかるだろう．たとえば，別の $X(s)$ の例として，

$$X(s) = \frac{1}{s(s+1)} \tag{5.41}$$

はラプラス変換表にはないが，部分分数展開を行うと，

$$X(s) = \frac{1}{s} - \frac{1}{s+1} \tag{5.42}$$

となり，ラプラス変換表に示された像関数が現れる．よって，逆ラプラス変換を行う
ことが可能となり，

$$x(t) = \mathcal{L}^{-1}\{X(s)\} = \mathcal{L}^{-1}\left\{\frac{1}{s} - \frac{1}{s+1}\right\} = \mathcal{L}^{-1}\left\{\frac{1}{s}\right\} - \mathcal{L}^{-1}\left\{\frac{1}{s+1}\right\} = 1 - e^{-t} \tag{5.43}$$

を得る．同様に，式 (5.40) の逆ラプラス変換を行ってみる．部分分数展開を用いるこ
とで，

$$x(t) = \mathcal{L}^{-1}\{X(s)\} = \mathcal{L}^{-1}\left\{\frac{s^2 + 5s + 2}{s(s^2 + 3s + 2)}\right\} = \mathcal{L}^{-1}\left\{\frac{1}{s} + \frac{2}{s+1} + \frac{-2}{s+2}\right\}$$

$$= 1 + 2e^{-t} - 2e^{-2t}$$

を得る．

例題 5.2 次の分数多項式の逆ラプラス変換を求めよ．

(1) $X(s) = \dfrac{s+3}{s^2 + 3s + 2}$ $\qquad$ (2) $X(s) = \dfrac{s+4}{s^2 + 4}$

解 (1) $x(t) = \mathcal{L}^{-1}\{X(s)\} = \mathcal{L}^{-1}\left\{\dfrac{s+3}{s^2 + 3s + 2}\right\} = \mathcal{L}^{-1}\left\{\dfrac{2}{s+1} + \dfrac{-1}{s+2}\right\}$

$\qquad\qquad = 2e^{-t} - e^{-2t}$

(2) $x(t) = \mathcal{L}^{-1}\{X(s)\} = \mathcal{L}^{-1}\left\{\dfrac{s+4}{s^2 + 4}\right\} = \mathcal{L}^{-1}\left\{\dfrac{s}{s^2 + 4} + \dfrac{4}{s^2 + 4}\right\}$

$\qquad\qquad = \cos 2t + 2\sin 2t$

144 第 5 章 ラプラス変換

5.2.2◆ ヘビサイドの展開定理

分数多項式を部分分数展開することを容易にする**ヘビサイドの展開定理** (Heaviside's expansion theorem) について説明しよう．これは第 3 章の留数の求め方と同じである．分数多項式 $X(s)$ の分母が単根のみをもつ場合と重根をもつ場合に分けて説明する．

まず，$X(s)$ の分母が n 個の単根のみをもつ場合，すなわち分母の多項式 $D(s)$ が重根をもたない場合の部分分数展開は，次式で与えられる．

$$X(s) = \frac{N(s)}{D(s)} = \frac{N(s)}{\prod_{i=1}^{n}(s+a_i)} = \sum_{i=1}^{n} \frac{C_i}{s+a_i} \tag{5.44}$$

$$C_i = (s+a_i)X(s)|_{s=-a_i} \tag{5.45}$$

部分分数展開の係数を求めるこのような方法を，ヘビサイドの展開定理という．

例題 5.3　$X(s) = \dfrac{1}{(s+1)(s+2)(s+3)}$ の部分分数展開を，ヘビサイドの展開定理を用いて求めよ．

解

$$X(s) = \frac{1}{(s+1)(s+2)(s+3)} = \frac{C_1}{s+1} + \frac{C_2}{s+2} + \frac{C_3}{s+3} \tag{5.46}$$

とおけば，

$$C_1 = (s+1)\left.\frac{1}{(s+1)(s+2)(s+3)}\right|_{s=-1} = \frac{1}{2}$$

$$C_2 = (s+2)\left.\frac{1}{(s+1)(s+2)(s+3)}\right|_{s=-2} = -1$$

$$C_3 = (s+3)\left.\frac{1}{(s+1)(s+2)(s+3)}\right|_{s=-3} = \frac{1}{2}$$

となり，以下を得る．

$$X(s) = \frac{1/2}{s+1} + \frac{-1}{s+2} + \frac{1/2}{s+3} \tag{5.47}$$

一方，$D(s)$ が重根をもつ場合，たとえば，$s = -a_1$ の k 重根をもつ場合の部分分数展開は，次のようになる．

5.2 ラプラス変換はどう役立つか **145**

$$X(s) = \frac{N(s)}{(s + a_1)^k (s + a_2)} \tag{5.48}$$

が与えられたとき，

$$X(s) = \frac{C_{11}}{(s + a_1)^k} + \frac{C_{12}}{(s + a_1)^{k-1}} \cdots + \frac{C_{1k}}{s + a_1} + \frac{C_2}{s + a_2} \tag{5.49}$$

のような部分分数展開となる．係数 C_2 は $D(s)$ が単根のみをもつ場合と同じ方法で求めることができる．係数 $C_{11}, \ldots, C_{1k}$ については以下の方法で得られる．

$$C_{11} = (s + a_1)^k X(s)|_{s=-a_1}$$

$$C_{12} = \frac{d}{ds}\{(s + a_1)^k X(s)\}|_{s=-a_1}$$

$$\vdots$$

$$C_{1j} = \frac{1}{(j - 1)!} \frac{d^{(j-1)}}{ds^{(j-1)}}\{(s + a_1)^k X(s)\}|_{s=-a_1}$$

$$\vdots$$

$$C_{1k} = \frac{1}{(k - 1)!} \frac{d^{(k-1)}}{ds^{(k-1)}}\{(s + a_1)^k X(s)\}|_{s=-a_1}$$

例題 5.4 $X(s) = \dfrac{1}{s(s + 1)(s + 2)^3}$ の部分分数展開を，ヘビサイドの展開定理を用いて求めよ．

解

$$X(s) = \frac{1}{s(s + 1)(s + 2)^3} = \frac{C_1}{s} + \frac{C_2}{s + 1} + \frac{C_{31}}{(s + 2)^3} + \frac{C_{32}}{(s + 2)^2} + \frac{C_{33}}{s + 2} \tag{5.50}$$

とおけば，

$$C_1 = s \left. \frac{1}{s(s + 1)(s + 2)^3} \right|_{s=0} = \frac{1}{8}$$

$$C_2 = (s + 1) \left. \frac{1}{s(s + 1)(s + 2)^3} \right|_{s=-1} = -1$$

$$C_{31} = (s + 2)^3 \left. \frac{1}{s(s + 1)(s + 2)^3} \right|_{s=-2} = \frac{1}{2}$$

$$C_{32} = \frac{d}{ds} \left\{ (s + 2)^3 \frac{1}{s(s + 1)(s + 2)^3} \right\} \bigg|_{s=-2} = \frac{d}{ds} \left\{ \frac{1}{s(s + 1)} \right\} \bigg|_{s=-2}$$

$$= - \left. \frac{2s + 1}{s^2(s + 1)^2} \right|_{s=-2} = \frac{3}{4}$$

146　第5章　ラプラス変換

$$C_{33} = \frac{1}{2}\frac{d^2}{ds^2}\left\{(s+2)^3\frac{1}{s(s+1)(s+2)^3}\right\}\bigg|_{s=-2} = \frac{1}{2}\frac{d^2}{ds^2}\left\{\frac{1}{s(s+1)}\right\}\bigg|_{s=-2}$$

$$= \frac{1}{2}\frac{-2s^2(s+1)^2 + (2s+1)(4s^3+6s^2+2s)}{s^4(s+1)^4}\bigg|_{s=-2} = \frac{7}{8}$$

となり，以下を得る.

$$X(s) = \frac{1/8}{s} + \frac{-1}{s+1} + \frac{1/2}{(s+3)^3} + \frac{3/4}{(s+3)^2} + \frac{7/8}{s+3} \tag{5.51}$$

5.2.3◆ 初期値定理と最終値定理

　物理現象を解析するうえで，時間的変化の最終状態の値を知りたいことがある．それを容易に可能とする**最終値定理** (final value theorem) と，その対となる**初期値定理** (initial value theorem) を説明しよう．もちろん，未知関数 $x(t)$ の微分方程式を解くことで $x(t)$ が既知となり，その初期値 $x(0)$ や時間を無限大にしたときの値すなわち最終値 $x(\infty)$ を求めることができる．しかし，微分方程式から $x(t)$ を解く過程で得られる $X(s) = \mathcal{L}\{x(t)\}$ から，直接初期値や最終値を知ることもできる．これを可能とするのが初期値定理と最終値定理である.

　初期値定理は次式で与えられる.

$$x(0) = \lim_{t \to 0} x(t) = \lim_{s \to \infty} sX(s) \tag{5.52}$$

最終値定理は次式で与えられる.

$$x(\infty) = \lim_{t \to \infty} x(t) = \lim_{s \to 0} sX(s) \tag{5.53}$$

　一般に，微分方程式を解く際，初期値は初期条件として与えられていることが多いので，最終値定理のほうがよく用いられる．また，最終値定理を用いるための条件として，$t \to \infty$ で $x(t)$ が収束する関数でなければならないことに注意する.

例題 5.5　式 (5.40)（以下に掲載）の関数において，もとの時間関数 $x(t)$ の初期値と最終値を求めよ.

$$X(s) = \frac{s^2 + 5s + 2}{s(s^2 + 3s + 2)}$$

5.2 ラプラス変換はどう役立つか **147**

解 初期値定理より下記の初期値を得る.

$$x(0) = \lim_{t \to 0} x(t) = \lim_{s \to \infty} sX(s) = \lim_{s \to \infty} s\frac{s^2 + 5s + 2}{s(s^2 + 3s + 2)} = \lim_{s \to \infty} \frac{s^2 + 5s + 2}{s^2 + 3s + 2}$$

$$= \lim_{s \to \infty} \frac{1 + 5/s + 2/s^2}{1 + 3/s + 2/s^2} = 1$$

また，最終値定理より下記の最終値を得る.

$$x(\infty) = \lim_{t \to \infty} x(t) = \lim_{s \to 0} sX(s) = \lim_{s \to 0} s\frac{s^2 + 5s + 2}{s(s^2 + 3s + 2)}$$

$$= \lim_{s \to 0} \frac{s^2 + 5s + 2}{s^2 + 3s + 2} = \frac{2}{2} = 1$$

ここで，$X(s)$ の逆ラプラス変換から，初期値と最終値を求めてみる. $X(s)$ を逆ラプラス変換すると，

$$x(t) = 1 + 2e^{-t} - 2e^{-2t}$$

となったので，初期値は $x(0) = 1 + 2 - 2 = 1$，最終値は $x(\infty) = 1$ となる. これより前述の結果と一致することがわかる.

初期値定理と最終値定理の具体例として，水中を落下する質量 $1\,\mathrm{kg}$ のおもりの運動を考える. 水中ではおもりは速度に比例した抵抗を受けるものとし，この比例定数を5とする. また，重力加速度を $10\,\mathrm{m/s^2}$，初速度を $0\,\mathrm{m/s}$ とする. おもりの落下する速度を $v(t)$ とすると，以下の微分方程式を得る.

$$\frac{dv(t)}{dt} = 10 - 5v(t), \quad v(0) = 0$$

これをラプラス変換すると，

$$sV(s) = \frac{10}{s} - 5V(s)$$

$$V(s) = \frac{10}{s(s + 5)}$$

となる. 最終値定理を用いると，

$$v(\infty) = \lim_{t \to \infty} v(t) = \lim_{s \to 0} sV(s) = \lim_{s \to 0} s\frac{10}{s(s + 5)} = 2$$

となり，速度の最終値 $2\,\mathrm{m/s}$ を得る. 一方，初期値定理を用いると，

$$v(0) = \lim_{t \to 0} v(t) = \lim_{s \to \infty} sV(s) = \lim_{s \to \infty} s\frac{10}{s(s + 5)} = \lim_{s \to \infty} \frac{10/s}{1 + 5/s} = 0$$

となり，初期条件と一致することがわかる.

5.2.4 ◆ 微分方程式の解法への応用

第 1 章で学んだ解法を用いて微分方程式を直接解くことも可能であるが，ラプラス変換を用いて，時間領域の微分方程式を s 領域の代数方程式に変換し，その代数方程式の解を求め，その解を逆ラプラス変換することで $x(t)$ を求めることも可能である．これらを図示すると，図 5.3 となる．どちらの解法が簡単なのかは，与えられた微分方程式による．

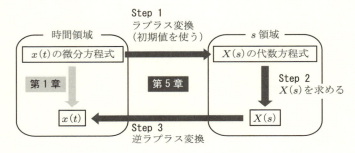

図 5.3　ラプラス変換を用いた微分方程式の解法

例題 5.6　図 5.4 で表される電気抵抗 R とコイルのインダクタンス L の RL 直列回路において，初期電流はないものとする．時刻 $t = 0$ でスイッチ SW をオンしたときの回路を流れる電流 $i(t)$ は，次式から求めることができる．

$$L\frac{di(t)}{dt} + Ri(t) = E, \quad i(0) = 0 \tag{5.54}$$

ここで，$L = 2$，$R = 2$，$E = 1$ として，電流 $i(t)$ を求めよ．

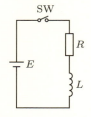

図 5.4　RL 直列回路

解　微分方程式は，以下となる．

$$2\frac{di(t)}{dt} + 2i(t) = 1, \quad i(0) = 0 \tag{5.55}$$

Step 1: $I(s) = \mathcal{L}\{i(t)\}$ とおいて式 (5.55) をラプラス変換すると，以下となる．

$$2sI(s) + 2I(s) = \frac{1}{s}$$

Step 2: $I(s)$ を求めると，

$$I(s) = \frac{1}{2s(s+1)}$$

となる．

Step 3: $I(s)$ を部分分数展開すると，

$$I(s) = \frac{1}{2}\left(\frac{1}{s} - \frac{1}{s+1}\right)$$

となり，これを逆ラプラス変換すると，以下を得る．

$$i(t) = \frac{1}{2}(1 - e^{-t})$$

[補足] 例題と同じモデルとなる物体の運動を紹介する．図 5.5 で表される物体の直線運動において，初速度はないものとする（M は物体の質量，D は減衰係数）．時刻 $t = 0$ で外力 F をはたらかせたときの速度 $v(t)$ は，次式から求めることができる．

$$M\frac{dv(t)}{dt} + Dv(t) = F, \quad v(0) = 0$$

ここで，$M = 2$，$D = 2$，$F = 1$ とすると，速度 $v(t)$ の微分方程式は

$$2\frac{dv(t)}{dt} + 2v(t) = 1, \quad v(0) = 0$$

となり，これを解くと，電流 $i(t)$ と同じ次の結果を得る．

$$v(t) = \frac{1}{2}(1 - e^{-t})$$

このことは，図 5.5 の機械系を図 5.4 の電気系に置き換えることで，電気系の特性から機械系の特性が推測できることを意味する．すなわち，機械系の解析に電気系の**アナロジー**を利用することができる例である（表 1.3 も参照）．例題 5.7 と例題 5.9 も同様な例であるが，例題 5.8 はそのような例でないことに注意しよう．詳細は後述する．

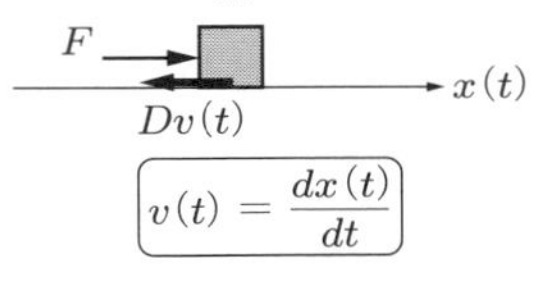

図 5.5　物体の直線運動

150   第 5 章 ラプラス変換

例題 5.7 例題 5.6 の RL 直列回路において，直流電圧 E を交流電源 $E = 10 \sin \omega t$ とする．ここで，$L = 3$，$R = 4$，$\omega = 1$ として，電流 $i(t)$ を求めよ．

解 微分方程式は，以下となる．

$$3\frac{di(t)}{dt} + 4i(t) = 10 \sin t, \quad i(0) = 0 \tag{5.56}$$

Step 1: $I(s) = \mathcal{L}\{i(t)\}$ とおいて式 (5.56) をラプラス変換すると，以下となる．

$$3sI(s) + 4I(s) = \frac{10}{s^2 + 1}$$

Step 2: $I(s)$ を求めると，

$$I(s) = \frac{1}{3s + 4}\frac{10}{s^2 + 1}$$

となる．

Step 3: $I(s)$ を部分分数展開すると，

$$I(s) = \frac{10}{3}\left\{\frac{9/25}{s + 4/3} + \frac{-(9/25)s}{s^2 + 1} + \frac{12/25}{s^2 + 1}\right\}$$

となり，これを逆ラプラス変換すると，以下を得る．

$$i(t) = \frac{6}{5}e^{-\frac{4}{3}t} - \frac{6}{5}\cos t + \frac{8}{5}\sin t$$

[補足] 例題と同じモデルとなる物体の運動を紹介する．例題 5.6（図 5.5）の物体の直線運動において，一定の外力 F を $F = 10 \sin \omega t$ とする．ここで，$M = 3$，$D = 4$，$\omega = 1$ とすると，物体の運動の微分方程式は，

$$3\frac{dv(t)}{dt} + 4v(t) = 10 \sin t, \quad v(0) = 0$$

となり，これを解くと，電流 $i(t)$ と同じ次の結果を得る．

$$v(t) = \frac{6}{5}e^{-\frac{4}{3}t} - \frac{6}{5}\cos t + \frac{8}{5}\sin t$$

例題 5.8 図 5.6 で表される電気抵抗 R とコンデンサの静電容量 C の RC 直列回路において，コンデンサに初期電荷 q_0 が与えられている．時刻 $t = 0$ でスイッチ SW をオンにしたときの回路に流れる電流 $i(t)$ の時間変化を考える．この現象を表す電圧方程式は次式で表される．

$$Ri(t) + \frac{1}{C}\int i(t)dt = 0, \quad \int_{-\infty}^{0} i(t)dt = q_0$$

$i(t) = \dfrac{dq(t)}{dt}$ より，この式をコンデンサの電荷 $q(t)$ に関する式に変換すると以下となる．

5.2 ラプラス変換はどう役立つか

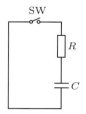

図 5.6 RC 直列回路

$$R\frac{dq(t)}{dt} + \frac{1}{C}q(t) = 0, \quad q(0) = q_0$$

ここで，$R = 1$，$C = 2$，$q_0 = 1$ として，コンデンサの電荷 $q(t)$ を求めよ．

解 微分方程式は，以下となる．

$$\frac{dq(t)}{dt} + 0.5q(t) = 0, \quad q(0) = 1 \tag{5.57}$$

Step 1: $Q(s) = \mathcal{L}\{q(t)\}$ とおいて式 (5.57) をラプラス変換すると，以下となる．

$$sQ(s) - 1 + 0.5Q(s) = 0$$

Step 2: $Q(s)$ を求めると，

$$Q(s) = \frac{1}{s + 0.5}$$

となる．

Step 3: $Q(s)$ を逆ラプラス変換すると，以下を得る．

$$q(t) = e^{-0.5t}$$

[補足] 例題と同じモデルとなる物体の運動を紹介する．図 5.5 で外力 F がない場合を考える．すなわち，質量 M の物体が摩擦のない床面の上で速度 v_0 の等速運動を行っている．時刻 $t = 0$ から減衰係数 D の床を走行するとき，物体の速度 $v(t)$ の時間変化を考える．この現象を表す運動方程式は次式で表される．

$$M\frac{dv(t)}{dt} + Dv(t) = 0, \quad v(0) = v_0$$

ここで，$M = 1$，$D = 0.5$，$v_0 = 1$ とすると，物体の運動方程式は，

$$\frac{dv(t)}{dt} + 0.5v(t) = 0, \quad v(0) = 1$$

となり，これを解くと，電荷 $q(t)$ と同じ次の結果を得る．

$$v(t) = e^{-0.5t}$$

電気系は $q(t)$，機械系は $v(t)$ に関する微分方程式であり，表 1.3 において $q(t)$ と $v(t)$ は対応していないことに注意しよう．

例題 5.9 図 5.7 で表される電気抵抗 R とコイルのインダクタンス L とコンデンサの静電容量 C の RLC 直列回路に，時刻 $t=0$ で直流電圧 E を印加したときの回路に流れる電流 $i(t)$ の時間変化を考える．時刻 $t=0$ に初期電流 i_0 が流れており，コンデンサの初期電荷は q_0 とする．この現象を表す電圧方程式は次式で表される．

$$Ri(t) + L\frac{di(t)}{dt} + \frac{1}{C}\int i(t)dt = E, \quad i(0) = i_0, \quad \int_{-\infty}^{0} i(t)dt = q_0$$

$i(t) = \dfrac{dq(t)}{dt}$ より，この式をコンデンサの電荷 $q(t)$ に関する式に変換すると，以下となる．

$$L\frac{d^2q(t)}{dt^2} + R\frac{dq(t)}{dt} + \frac{1}{C}q(t) = E, \quad \frac{dq(0)}{dt} = i_0, \quad q(0) = q_0 \tag{5.58}$$

ここで，$L = 1$，$R = 3$，$C = 0.5$，$E = 1$，$i_0 = 1$，$q_0 = 1$ として，コンデンサの電荷 $q(t)$ を求めよ．

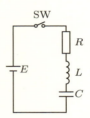

図 5.7 RLC 直列回路

解 微分方程式は，以下となる．

$$\frac{d^2q(t)}{dt^2} + 3\frac{dq(t)}{dt} + 2q(t) = 1, \quad \frac{dq(0)}{dt} = 1, \quad q(0) = 1 \tag{5.59}$$

Step 1: $Q(s) = \mathcal{L}\{q(t)\}$ とおいて式 (5.59) をラプラス変換すると，以下となる．

$$s^2Q(s) - sq(0) - \frac{dq(0)}{dt} + 3(sQ(s) - q(0)) + 2Q(s) = \frac{1}{s}$$

$$\Leftrightarrow \quad s^2Q(s) + 3sQ(s) + 2Q(s) = \frac{1}{s} + s + 4$$

Step 2: $Q(s)$ を求めると，

$$Q(s) = \frac{s^2 + 4s + 1}{s(s^2 + 3s + 2)} = \frac{s^2 + 4s + 1}{s(s+1)(s+2)}$$

となる．

Step 3: $Q(s)$ を部分分数展開すると，

$$Q(s) = \frac{1/2}{s} + \frac{2}{s+1} + \frac{-3/2}{s+2}$$

となり，これを逆ラプラス変換すると，以下を得る．

$$q(t) = \frac{1}{2} + 2e^{-t} - \frac{3}{2}e^{-2t}$$

[補足] 例題と同じモデルとなる物体の運動を紹介する．図 5.8 で表される質量 M，減衰係数 D，ばね定数 K のマスばねダンパ系において，一定の力 F を加えたときの物体の運動を考える．ただし，初期位置は x_0，初速度は v_0 とする．この現象を表す運動方程式は次式で表される．

$$M\frac{d^2x(t)}{dt^2} + D\frac{dx(t)}{dt} + Kx(t) = F, \quad \frac{dx(0)}{dt} = v_0, \quad x(0) = x_0$$

ここで，$M = 1$，$D = 3$，$K = 2$，$F = 1$，$v_0 = 1$，$x_0 = 1$ とすると，物体の運動の微分方程式は，

$$\frac{d^2x(t)}{dt^2} + 3\frac{dx(t)}{dt} + 2x(t) = 1, \quad \frac{dx(0)}{dt} = 1, \quad x(0) = 1$$

となり，これを解くと，電荷 $q(t)$ と同じ次の結果を得る．

$$x(t) = \frac{1}{2} + 2e^{-t} - \frac{3}{2}e^{-2t}$$

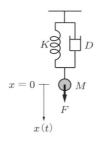

図 5.8 マスばねダンパ系

章末問題

5.1 以下の関数のラプラス変換を求めよ．
(1) $x(t) = 2 + 2t + t^2$
(2) $x(t) = te^{2t} + 3\cos 3t$
(3) $x(t) = e^{2t}\sin 3t + t\sin 3t$

5.2 以下の関数の逆ラプラス変換を求めよ．

(1) $X(s) = \dfrac{s+1}{s(s+3)}$ (2) $X(s) = \dfrac{s^2+6}{(s^2+1)(s^2+4)}$ (3) $X(s) = \dfrac{s^3+5s^2+1}{s^2(s^2+4s+5)}$

5.3 ラプラス変換を用いて，以下の微分方程式の解を求めよ．

(1) $\dfrac{dx(t)}{dt} + 3x(t) = 0, \quad x(0) = 1$ (2) $\dfrac{dx(t)}{dt} + 3x(t) = e^{-3t}, \quad x(0) = 1$

(3) $\dfrac{d^2x(t)}{dt^2} + 2\dfrac{dx(t)}{dt} - 8x(t) = 1, \quad x(0) = 0, \quad \dfrac{dx(0)}{dt} = 0$

(4) $\dfrac{d^2x(t)}{dt^2} + 2\dfrac{dx(t)}{dt} + x(t) = \sin 2t, \quad x(0) = 0, \quad \dfrac{dx(0)}{dt} = 0$

5.4 図 1.7(b) で表されるコイルのインダクタンス L とコンデンサの静電容量 C の LC 直列回路に，時刻 $t = 0$ で直流電圧 E を印加したときの現象を考える．ただし，初期電流は流れておらず，コンデンサの初期電荷はないものとする．ここで，$L = 1\,\mathrm{H}$ と $C = 0.5\,\mathrm{F}$，直流電圧 $E = 1\,\mathrm{V}$ として，コンデンサの電荷 $q(t)$ [C]，電流 $i(t)$ [A]，およびコンデンサの電圧 $v_c(t)$ [V] をそれぞれ求めよ．

5.5 例題 1.16 の連立微分方程式 (1.94) の解を，ラプラス変換を用いて求めよ．

5.6 図 5.9 に示す振り子の運動について考える．質量 M のおもりが長さ L の糸につながっている．振れ角を $\theta(t)$ とすると，運動方程式は，

$$ML\dfrac{d^2\theta(t)}{dt^2} = -Mg\sin\theta(t)$$

となる．ここで，$\omega = \sqrt{\dfrac{g}{L}}$ とし，$\theta(t)$ が小さいとして $\sin\theta(t) \approx \theta(t)$ という近似を使うと，

$$\dfrac{d^2\theta(t)}{dt^2} = -\omega^2\theta(t)$$

となる．ここで，$L = 1\,\mathrm{m}$，$g = 9.8\,\mathrm{m/s^2}$ とし，時刻 $t = 0$ において $\theta(0) = 0.1\,\mathrm{rad}$ の状態からゆっくり手を離したときの振れ角 $\theta(t)$ [rad] を求めよ．

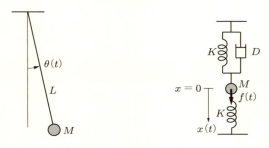

図 5.9　振り子の運動　　　図 5.10　マスばねダンパ系の運動

章末問題　　**155**

5.7　図 5.10 に示すマスばねダンパ系の振る舞いについて考える．質量 M の物体に，ばね定数 K の二つのばねと，減衰係数 D のダンパが取り付けてある．外力 $f(t)$ によって物体はどのような運動を行うか．物体は鉛直方向のみに運動し，ダンパとばねについてはその質量を無視できるものとする．外力を与えずに物体が静止した位置（釣り合いの位置）を変位 $x(t)$ の原点とし，鉛直下向きを変位の正の方向とする．$M = 1\,\mathrm{kg}$，$D = 5\,\mathrm{Ns/m}$，$K = 2\,\mathrm{N/m}$，$f(t) = \sin t\,[\mathrm{N}]$ として変位 $x(t)\,[\mathrm{m}]$ を求めよ．

5.8　液容積 V の完全混合槽に，ともに速度 W の流入・流出がある．流入流れ中の成分 A の濃度が一定で C_{A0} であり，槽内と流出流れ中の濃度が $C_A(t)$ である．槽内では一次反応により成分 A が成分 B になる．k を反応速度定数とする．成分 A についての物質収支式は，

$$\frac{d(C_A(t)V)}{dt} = WC_{A0} - WC_A(t) - kC_A(t)V$$

となるので，$C_A(t)$ に関する微分方程式は次式となる．

$$V\frac{dC_A(t)}{dt} + (W + kV)C_A(t) = WC_{A0}$$

ここで，$V = 20\,\mathrm{L}$，$W = 0.1\,\mathrm{L/s}$，$C_{A0} = 20\,\mathrm{mol/L}$，$k = 0.005$，$C_A(0) = 2\,\mathrm{mol/L}$ とし，$C_A(t)\,[\mathrm{mol/L}]$ を求めよ．

5.9　温度 $T(t)$ の水槽に温度 T_{in} のお湯が速度 v で流れ込み，同じ速度で流出している．外気温が T_o であり，水槽から外気への熱の放熱が $200(T(t) - T_o)$ で表されるとする．水槽の温度 $T(t)$ はどう変化するか考える．これは，非定常熱収支の問題とよばれ，以下の数式で表される．

$$MC_p\frac{dT(t)}{dt} = vC_p(T_{in} - T(t)) - 200(T(t) - T_o)$$

ここで，M は水槽の水量，C_p は水の熱容量である．$M = 200\,\mathrm{kg}$，$C_p = 4200\,\mathrm{J/(kg\,K)}$，$v = 0.2\,\mathrm{kg/s}$，$T_{in} = 40\,^\circ\mathrm{C} = 313\,\mathrm{K}$，$T_0 = 0\,^\circ\mathrm{C} = 273\,\mathrm{K}$ とし，時刻 $t = 0$ で $T(0) = 20\,^\circ\mathrm{C} = 293\,\mathrm{K}$ であるとき，水槽の温度 $T(t)\,[\mathrm{K}]$ を求めよ．

付　録

A.1　関連する積分公式

　一般的に，微分方程式は積分することで解が得られる．その際に必要となる積分表を表 A.1 に，積分の公式を以下にまとめておく．

部分積分：
$$\int f(t)g'(t)dt = f(t)g(t) - \int f'(t)g(t)dt$$

置換積分：
$$x = g(t) \text{ と置換すると，} \int f(x)dx = \int f(g(t))\frac{dx}{dt}dt$$

表 A.1　積分表

$f(t)$	$f(t)$ の原始関数 $\left(\int f(t)dt\right)$
t^n	$\dfrac{1}{n+1}t^{n+1}$ $(n \neq -1)$
$\dfrac{1}{t}$	$\log\|t\|$
e^t	e^t
$\sin t$	$-\cos t$
$\cos t$	$\sin t$
$\dfrac{1}{\cos^2 t}$	$\tan t$
$\dfrac{1}{\sin^2 t}$	$\cot t$

A.2　行　列

A.2.1 ◆ 行列の基礎

　数（記号や式の場合もある）を式 (A.1) のように配列したものを**行列** (matrix) と

いう.

$$\boldsymbol{A} = \begin{bmatrix} a_{11} & a_{12} & \cdots & a_{1n} \\ a_{21} & \cdots & \cdots & a_{2n} \\ \vdots & & & \vdots \\ a_{m1} & \cdots & \cdots & a_{mn} \end{bmatrix} \tag{A.1}$$

横の並びを「**行** (row)」,縦の並びを「**列** (column)」といい,個々の数を**要素** (element) という.式 (A.1) の行列を m 行 n 列の行列という.行数と列数が等しい行列を**正方行列**といい,n 行 n 列の正方行列を n 次正方行列という.

行列の和,差を,2 行 2 列の行列を例にとって示す.

$$\text{和・差}:\boldsymbol{A} \pm \boldsymbol{B} = \begin{bmatrix} a_{11} & a_{12} \\ a_{21} & a_{22} \end{bmatrix} \pm \begin{bmatrix} b_{11} & b_{12} \\ b_{21} & b_{22} \end{bmatrix} = \begin{bmatrix} a_{11} \pm b_{11} & a_{12} \pm b_{12} \\ a_{21} \pm b_{21} & a_{22} \pm b_{22} \end{bmatrix} \tag{A.2}$$

和,差は,$\boldsymbol{A}$,$\boldsymbol{B}$ の行数,列数がそれぞれ等しいときに計算できる.また,積は次式で与えられる.

$$\text{積}:\boldsymbol{A}\boldsymbol{B} = \begin{bmatrix} a_{11} & a_{12} \\ a_{21} & a_{22} \end{bmatrix} \begin{bmatrix} b_{11} & b_{12} \\ b_{21} & b_{22} \end{bmatrix} = \begin{bmatrix} a_{11}b_{11} + a_{12}b_{21} & a_{11}b_{12} + a_{12}b_{22} \\ a_{21}b_{11} + a_{22}b_{21} & a_{21}b_{12} + a_{22}b_{22} \end{bmatrix} \tag{A.3}$$

積 $\boldsymbol{A}\boldsymbol{B}$ の第 k 行第 l 列の要素は,$\boldsymbol{A}$ の第 k 行と $\boldsymbol{B}$ の第 l 列の要素を順に掛けて和をとったものである.積は $\boldsymbol{A}$ の列数と $\boldsymbol{B}$ の行数が等しいときに計算できる.また,一般に $\boldsymbol{A}\boldsymbol{B} \neq \boldsymbol{B}\boldsymbol{A}$ である.

正方行列で,対角要素 a_{nn} 以外の要素がゼロである行列を**対角行列** (diagonal matrix) という.また,対角行列で,対角要素 a_{nn} がすべて 1 である行列を**単位行列** (unit matrix) といい,$\boldsymbol{I}$ と書く.

$$\text{単位行列の例(3 行 3 列)}:\boldsymbol{I} = \begin{bmatrix} 1 & 0 & 0 \\ 0 & 1 & 0 \\ 0 & 0 & 1 \end{bmatrix} \tag{A.4}$$

$\boldsymbol{A}$ に対し,$\boldsymbol{A}\boldsymbol{A}^{-1} = \boldsymbol{A}^{-1}\boldsymbol{A} = \boldsymbol{I}$ を満たす $\boldsymbol{A}^{-1}$ を $\boldsymbol{A}$ の**逆行列** (inverse matrix) という.

A.2.2 ◆ 行列式

正方行列 $\boldsymbol{A}$ に対し,**行列式** (determinant) という一つの値 $|\boldsymbol{A}|$ が定義される.2 行

158　付　録

2 列の行列に対しては，行列式は次式で計算される．

$$|\boldsymbol{A}| = \begin{vmatrix} a_{11} & a_{12} \\ a_{21} & a_{22} \end{vmatrix} = a_{11}a_{22} - a_{12}a_{21} \tag{A.5}$$

より大きな行列の行列式は，次のような**余因子** (cofactor) **展開**をすることで計算することができる．

$$|\boldsymbol{A}| = \begin{vmatrix} a_{11} & a_{12} & a_{13} \\ a_{21} & a_{22} & a_{23} \\ a_{31} & a_{32} & a_{33} \end{vmatrix} = a_{11} \begin{vmatrix} a_{22} & a_{23} \\ a_{32} & a_{33} \end{vmatrix} - a_{12} \begin{vmatrix} a_{21} & a_{23} \\ a_{31} & a_{33} \end{vmatrix} + a_{13} \begin{vmatrix} a_{21} & a_{22} \\ a_{31} & a_{32} \end{vmatrix}$$

$$= a_{11} \begin{vmatrix} a_{22} & a_{23} \\ a_{32} & a_{33} \end{vmatrix} + a_{12} \begin{vmatrix} a_{23} & a_{21} \\ a_{33} & a_{31} \end{vmatrix} + a_{13} \begin{vmatrix} a_{21} & a_{22} \\ a_{31} & a_{32} \end{vmatrix}$$

$$= a_{11}a_{22}a_{33} - a_{11}a_{23}a_{32} - a_{12}a_{21}a_{33} + a_{12}a_{23}a_{31} + a_{13}a_{21}a_{32} - a_{13}a_{22}a_{31} \tag{A.6}$$

a_{ij} に対し，$\boldsymbol{A}$ から i 行と j 列を取り去った行列の行列式を要素 a_{ij} の小行列式といい，それに $(-1)^{i+j}$ を掛けたものを a_{ij} の**余因子**という．式 (A.6) は，$\boldsymbol{A}$ の第 1 行について余因子展開をしたもので，a_{1j} とその余因子の積を足すことで行列式 $|\boldsymbol{A}|$ を得ている．余因子展開は，任意の行または列について行うことができ，それらはすべて同じ値になる．また，行列の任意の二つの行または列を入れ換えると，行列式の値は符号が変わる．

　行列式がゼロでなければ ($|\boldsymbol{A}| \neq 0$)，行列 $\boldsymbol{A}$ は逆行列 $\boldsymbol{A}^{-1}$ をもつ．2 行 2 列の行列については，逆行列は次式で計算される．

$$\boldsymbol{A}^{-1} = \frac{1}{|\boldsymbol{A}|} \begin{bmatrix} a_{22} & -a_{12} \\ -a_{21} & a_{11} \end{bmatrix} \tag{A.7}$$

A.2.3◆ 固有値問題，行列の対角化

　n 次正方行列 $\boldsymbol{A}$ の固有値問題を示す．

$$\boldsymbol{A}\boldsymbol{v} = \lambda\boldsymbol{v} \tag{A.8}$$

を満たすような λ を**固有値** (characteristic value)，$\boldsymbol{v}$ を**固有ベクトル** (characteristic vector) といい，これらを求めるのが固有値問題である．式 (A.8) を変形すると，

$$(\boldsymbol{A} - \lambda\boldsymbol{I})\boldsymbol{v} = \boldsymbol{0}$$

となる．もし，$\boldsymbol{A} - \lambda\boldsymbol{I}$ が**正則** (negular) ならば（逆行列をもつならば），

$$\boldsymbol{v} = (\boldsymbol{A} - \lambda \boldsymbol{I})^{-1}\boldsymbol{0} = \boldsymbol{0}$$

の解しか得られないので，$\boldsymbol{v} = \boldsymbol{0}$ 以外の解を得るためには $\boldsymbol{A} - \lambda \boldsymbol{I}$ が正則でない，すなわち，λ が以下の条件式を満足する必要がある．

$$|\boldsymbol{A} - \lambda \boldsymbol{I}| = 0 \tag{A.9}$$

この方程式を $\boldsymbol{A}$ の固有方程式という．この方程式の解が固有値である．固有値は複素数になることもあり，重複度も含めて n 個が存在する．それぞれの固有値を式 (A.9) に代入することで，n 個の固有ベクトルが求められる．

行列の対角化を，2次正方行列 $\boldsymbol{A}$ を例にとって示す．$\boldsymbol{A}$ の固有方程式

$$|\lambda \boldsymbol{I} - \boldsymbol{A}| = 0 \quad \text{すなわち} \quad \lambda^2 - (a_{11} + a_{22})\lambda + (a_{11}a_{22} - a_{12}a_{21}) = 0$$

の解として得られる二つの固有値 $\lambda_1, \lambda_2 \ (\lambda_1 \neq \lambda_2)$ があり，さらにそれらに対応する二つの1次独立な固有ベクトル $\boldsymbol{v}_1 = \begin{bmatrix} v_{11} \\ v_{12} \end{bmatrix}$, $\boldsymbol{v}_2 = \begin{bmatrix} v_{21} \\ v_{22} \end{bmatrix}$ があるとすると，

$$\boldsymbol{A}\boldsymbol{v}_1 = \lambda_1 \boldsymbol{v}_1, \quad \boldsymbol{A}\boldsymbol{v}_2 = \lambda_2 \boldsymbol{v}_2$$

が成り立つ．したがって，$\boldsymbol{T} = \begin{bmatrix} \boldsymbol{v}_1 & \boldsymbol{v}_2 \end{bmatrix} = \begin{bmatrix} v_{11} & v_{12} \\ v_{21} & v_{22} \end{bmatrix}$ とおくと，

$$\boldsymbol{A}\boldsymbol{T} = \boldsymbol{A}\begin{bmatrix} \boldsymbol{v}_1 & \boldsymbol{v}_2 \end{bmatrix} = \begin{bmatrix} \boldsymbol{A}\boldsymbol{v}_1 & \boldsymbol{A}\boldsymbol{v}_2 \end{bmatrix} = \begin{bmatrix} \lambda_1 \boldsymbol{v}_1 & \lambda_2 \boldsymbol{v}_2 \end{bmatrix} = \boldsymbol{T}\begin{bmatrix} \lambda_1 & 0 \\ 0 & \lambda_2 \end{bmatrix}$$

となるので，両辺に左から $\boldsymbol{T}$ の逆行列を掛けると

$$\boldsymbol{T}^{-1}\boldsymbol{A}\boldsymbol{T} = \begin{bmatrix} \lambda_1 & 0 \\ 0 & \lambda_2 \end{bmatrix} \tag{A.10}$$

が成り立つ．よって，行列 $\boldsymbol{T}$ によって $\boldsymbol{A}$ を対角化することができる．

A.3　テイラー展開

まず**平均値の定理**を説明する．図 A.1 に示すように，区間 $a \leq x \leq a+h$ で微分可能な関数 $f(x)$ に対し，以下の式を満たす $\theta \ (0 < \theta < 1)$ が存在する．

$$\frac{f(a+h) - f(a)}{h} = f'(a + \theta h) \tag{A.11}$$

この式の左辺は，図 A.1 の①の直線の傾きである．そして，接線②の傾き $f'(x)$ がそ

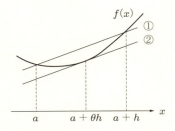

図 A.1 平均値の定理の説明

の傾きと等しくなる点が区間内に存在する．これが平均値の定理である．

式 (A.11) は

$$f(a+h) = f(a) + hf'(a+\theta h) \tag{A.12}$$

と書き換えることができる．これを拡張すると，f が 2 回微分可能であるとき，以下の式を満たす θ が存在することを示すことができる．

$$f(a+h) = f(a) + hf'(a) + \frac{1}{2}h^2 f''(a+\theta h) \tag{A.13}$$

さらに，f が任意の回数微分可能であるとき，以下の式が成り立つ．

$$f(a+h) = f(a) + hf'(a) + \frac{1}{2}h^2 f''(a) + \frac{1}{6}h^3 f^{(3)}(a) + \cdots + \frac{1}{n!}h^n f^{(n)}(a) + \cdots \tag{A.14}$$

$x = a + h$ とすると，

$$f(x) = f(a) + (x-a)f'(a) + \frac{1}{2}(x-a)^2 f''(a) + \frac{1}{6}(x-a)^3 f^{(3)}(a) + \cdots$$
$$+ \frac{1}{n!}(x-a)^n f^{(n)}(a) + \cdots \tag{A.15}$$

と書くことができる．これを**テイラー展開** (Taylor series expansion) という．特に，$a = 0$ の場合

$$f(x) = f(0) + xf'(0) + \frac{1}{2}x^2 f''(0) + \frac{1}{6}x^3 f^{(3)}(0) + \cdots + \frac{1}{n!}x^n f^{(n)}(0) + \cdots \tag{A.16}$$

を**マクローリン展開** (Maclaurin series expansion) という．

章末問題の解答

第1章

1.1 (1) 一般解は $x(t) = ct$ (c：任意定数)，初期条件より $x(t) = 5t$ を得る．

(2) 一般解は $x^2(t) + t^2 = c$ (c：任意定数)，初期条件より $x^2(t) + t^2 = 2$ を得る．

(3) 一般解は $x(t) = \dfrac{c}{t+1} + 1$ (c：任意定数)，初期条件より $x(t) = \dfrac{1}{t+1} + 1$ を得る．

1.2 (1) 一般解は $x(t) = ce^{-5t}$ (c：任意定数)，初期条件より $x(t) = 5e^{-5t}$ を得る．

(2) 同次方程式の一般解は $x_h(t) = ce^{-5t}$ (c：任意定数) となる．非同次方程式の特殊解の候補を $x_p(t) = k$ とし，k を求めると 1 となることから，特殊解は $x_p(t) = 1$ となる．よって，非同次方程式の一般解は $x(t) = ce^{-5t} + 1$ となり，初期条件より $x(t) = 4e^{-5t} + 1$ を得る．

(3) 同次方程式の一般解は $x_h(t) = ce^{-5t}$ (c：任意定数) となる．非同次方程式の特殊解の候補を $x_p(t) = kt + l$ とし，k と l を求めるとそれぞれ 1 と $-\dfrac{1}{5}$ となることから，特殊解は $x_p(t) = t - \dfrac{1}{5}$ となる．よって，非同次方程式の一般解は $x(t) = ce^{-5t} + t - \dfrac{1}{5}$ となり，初期条件より $x(t) = \dfrac{26}{5}e^{-5t} + t - \dfrac{1}{5}$ を得る．

1.3 (1) 特性方程式 $H(P) = P^2 + 7P + 12 = (P+3)(P+4) = 0$ より，特性根は $P = -3, -4$ となるので，一般解は $x(t) = c_1 e^{-3t} + c_2 e^{-4t}$ となる．初期条件より $x(t) = 4e^{-3t} - 3e^{-4t}$ を得る．

(2) 特性方程式 $H(P) = P^2 + 6P + 25 = 0$ より，特性根は $P = -3 \pm i4$ となるので，一般解は $x(t) = e^{-3t}(c_1 \sin 4t + c_2 \cos 4t)$ となる．初期条件より $x(t) = e^{-3t}\left(\dfrac{3}{4}\sin 4t + \cos 4t\right)$ を得る．

(3) 特性方程式 $H(P) = P^2 + 6P + 9 = (P+3)^2 = 0$ より，特性根は $P = -3$ となるので，一般解は $x(t) = (c_1 t + c_2)e^{-3t}$ となる．初期条件より $x(t) = (3t + 1)e^{-3t}$ を得る．

1.4 (1) 特性方程式は問題 1.3 (1) と同じなので，同次方程式の一般解は $x(t) = c_1 e^{-3t} + c_2 e^{-4t}$ となる．非同次方程式の特殊解の候補を $x_p(t) = k$ とし，k を求めると $\dfrac{5}{12}$ となることから，特殊解は $x_p(t) = \dfrac{5}{12}$ となる．よって，非同次方程式の一般解は $x(t) = c_1 e^{-3t} + c_2 e^{-4t} + \dfrac{5}{12}$ となり，初期条件より $x(t) = \dfrac{7}{3}e^{-3t} - \dfrac{7}{4}e^{-4t} + \dfrac{5}{12}$ を得る．

(2) 特性方程式は問題 1.3 (1) と同じなので，同次方程式の一般解は $x(t) = c_1 e^{-3t} + c_2 e^{-4t}$ となる．非同次方程式の特殊解の候補を $x_p(t) = kt + l$ とし，k, l を求めるとそれぞれ 1，

162 章末問題の解答

$-\dfrac{7}{12}$ となることから，特殊解は $x_p(t) = t - \dfrac{7}{12}$ となる．よって，非同次方程式の一般解は $x(t) = c_1 e^{-3t} + c_2 e^{-4t} + t - \dfrac{7}{12}$ となり，初期条件より $x(t) = \dfrac{16}{3}e^{-3t} - \dfrac{15}{4}e^{-4t} + t - \dfrac{7}{12}$ を得る．

(3) 特性方程式は問題 1.3 (2) と同じなので，同次方程式の一般解は $x(t) = e^{-3t}(c_1 \sin 4t + c_2 \cos 4t)$ となる．非同次方程式の特殊解の候補を $x_p(t) = ke^{-2t}$ とし，k を求めると $\dfrac{7}{17}$ となることから，特殊解は $x_p(t) = e^{-2t}$ となる．よって，非同次方程式の一般解は $x(t) = e^{-3t}(c_1 \sin 4t + c_2 \cos 4t) + \dfrac{7}{17}e^{-2t}$ となり，初期条件より $x(t) = e^{-3t}\left(\dfrac{11}{17}\sin 4t + \dfrac{10}{17}\cos 4t\right) + \dfrac{7}{17}e^{-2t}$ を得る．

(4) 特性方程式 $H(P) = P^2 + 9 = 0$ より，特性根は $P = \pm i3$ となり，同次方程式の一般解は $x(t) = c_1 \sin 3t + c_2 \cos 3t$ となる．非同次方程式の特殊解の候補を $x_p(t) = k \sin 2t + l \cos 2t$ とし，k, l を求めるとそれぞれ $\dfrac{1}{5}$, 0 となることから，特殊解は $x_p(t) = \dfrac{1}{5}\sin 2t$ となる．よって，非同次方程式の一般解は $x(t) = c_1 \sin 3t + c_2 \cos 3t + \dfrac{1}{5}\sin 2t$ となり，初期条件より $x(t) = -\dfrac{2}{15}\sin 3t + \cos 3t + \dfrac{1}{5}\sin 2t$ を得る．

1.5 (1) 特性方程式 $H(P) = P^2 + 7P = P(P + 7) = 0$ より，特性根は $P = 0$, -7 となり，同次方程式の一般解は $x(t) = c_1 + c_2 e^{-7t}$ となる．非同次方程式の特殊解の候補を $x_p(t) = t(kt + l)$ とし，k, l を求めるとそれぞれ 1, $-\dfrac{2}{7}$ となることから，特殊解は $x_p(t) = t\left(t - \dfrac{2}{7}\right)$ となる．よって，非同次方程式の一般解は $x(t) = c_1 + c_2 e^{-7t} + t\left(t - \dfrac{2}{7}\right)$ となり，初期条件より $x(t) = \dfrac{51}{49} - \dfrac{2}{49}e^{-7t} + t\left(t - \dfrac{2}{7}\right)$ を得る．

(2) 特性方程式は問題 1.3 (1) と同じであり，特性根は $P = -3, -4$ となるので，同次方程式の一般解は $x(t) = c_1 e^{-3t} + c_2 e^{-4t}$ となる．非同次方程式の特殊解の候補を $x_p(t) = kte^{-3t}$ とし，k を求めると 1 となることから，特殊解は $x_p(t) = te^{-3t}$ となる．よって，非同次方程式の一般解は $x(t) = c_1 e^{-3t} + c_2 e^{-4t} + te^{-3t}$ となり，初期条件より $x(t) = 3e^{-3t} - 2e^{-4t} + te^{-3t}$ を得る．

(3) 特性方程式 $H(P) = P^2 + 16 = 0$ より，特性根は $P = \pm i4$ となり，同次方程式の一般解は $x(t) = c_1 \sin 4t + c_2 \cos 4t$ となる．特性根 $P = \pm i4$ の 4 と非同次項 $8 \sin 4t$ の 4 が同じとなるので，非同次方程式の特殊解の候補を $x_p(t) = t(k \sin 4t + l \cos 4t)$ とし，k, l を求めるとそれぞれ 0, -1 となることから，特殊解は $x_p(t) = -t \cos 4t$ となる．よって，非同次方程式の一般解は $x(t) = c_1 \sin 4t + c_2 \cos 4t - t \cos 4t$ となり，初期条件より $x(t) = \dfrac{1}{4}\sin 4t + \cos 4t - t \cos 4t$ を得る．

1.6 この現象を表す電圧方程式は次式で表される．

$$Ri(t) + L\frac{di(t)}{dt} = E, \quad i(0) = 0$$

章末問題の解答　　*163*

$R = 1\,\Omega$, $L = 2\,\mathrm{H}$, $E = 1\,\mathrm{V}$ として微分方程式を解く.

$$i(t) + 2\frac{di(t)}{dt} = 1, \quad i(0) = 0$$

両辺に $e^{\frac{1}{2}t}$ を掛けることで, $i(t)$ を求める.

$$e^{\frac{1}{2}t}i(t) + 2e^{\frac{1}{2}t}\frac{di(t)}{dt} = e^{\frac{1}{2}t}$$

$$\frac{d}{dt}\left(2e^{\frac{1}{2}t}i(t)\right) = e^{\frac{1}{2}t}$$

となる. よって,

$$2e^{\frac{1}{2}t}i(t) = \int e^{\frac{1}{2}t}dt$$

$$i(t) = \frac{1}{2}e^{-\frac{1}{2}t}\int e^{\frac{1}{2}t}dt = \frac{1}{2}e^{-\frac{1}{2}t}\left(2e^{\frac{1}{2}t} + c\right)$$

したがって, 一般解は, $i(t) = 1 + ce^{-\frac{1}{2}t}$ (c は任意定数) となる. ここで, 初期条件 $i(0) = 0$ を満足する任意定数 c を求めると, $c = -1$ となる. これより, $i(t) = 1 - e^{-\frac{1}{2}t}[\mathrm{A}]$ となり, 電流は時間経過とともに大きくなり, 定常状態の $1\,\mathrm{A}$ に近づく.

　次に, L のみ $L = 0.5\,\mathrm{H}$ に変更して, 再度解いてみると,

$$i(t) + 0.5\frac{di(t)}{dt} = 1, \quad i(0) = 0$$

$$i(t) = 1 - e^{-2t}\ [\mathrm{A}]$$

となる. ここで, $L = 2\,\mathrm{H}$ の場合と $L = 0.5\,\mathrm{H}$ の場合の電流の時間変化を比べてみると, $L = 2\,\mathrm{H}$ の場合のほうが, 定常状態に近づく速さが遅いことがわかる. L は電流の変化を邪魔する素子である. L が大きいほど電流の変化を邪魔するので, 電流はゆっくりと定常値に近づく.

1.7　この現象を表す電圧方程式は次式で表される.

$$L\frac{di(t)}{dt} + \frac{1}{C}\int i(t)dt = E, \quad i(0) = 0, \quad \int_{-\infty}^{0}i(t)dt = 0$$

コンデンサの電荷 $q(t)$ に関する式に変換すると, 以下となる.

$$L\frac{d^2q(t)}{dt^2} + \frac{1}{C}q(t) = E, \quad \frac{dq(0)}{dt} = 0, \quad q(0) = 0$$

$L = 1\,\mathrm{H}$, $C = 0.5\,F$, $E = 1\,\mathrm{V}$ とすると,

$$\frac{d^2q(t)}{dt^2} + 2q(t) = 1, \quad q(0) = 0, \quad \frac{dq(t)}{dt} = 0$$

となる. 特性方程式は $H(P) = P^2 + 2 = 0$ より, 特性根は $P = \pm i\sqrt{2}$ となる. 同次方程式の一般解 $q_h(t)$ は, $q_h(t) = c_1\sin\sqrt{2}t + c_2\cos\sqrt{2}t$ (c_1, c_2 は任意定数) となり, 非同次方程式の特

164   章末問題の解答

殊解は $q_p(t) = 0.5$ なので，非同次方程式の一般解 $q(t)$ は，$q(t) = 0.5 + c_1 \sin\sqrt{2}t + c_2\cos\sqrt{2}t$ となる．次に，初期条件から，$q(0) = 0.5 + c_2 = 0$，$\dfrac{dq(0)}{dt} = c_1 = 0$ となり，$c_1 = 0$，$c_2 = -0.5$ から，$q(t) = 0.5 - 0.5\cos\sqrt{2}t$ となる．電流は $i(t) = \dfrac{dq(t)}{dt} = 0.5\sqrt{2}\sin\sqrt{2}t\,[\mathrm{A}]$，コンデンサの電圧は $v_C(t) = \dfrac{q(t)}{C} = 1 - \cos\sqrt{2}t$ となる．直流電源を用いても，電流は振動的になることは興味深い．

1.8 おもりが停止した状態から下方向の変位を $x(t)$ としたときの運動方程式は，次式となる．

$$M\frac{d^2x(t)}{dt^2} + Kx(t) = \cos\omega t, \quad x(0) = 0, \quad \frac{dx(0)}{dt} = 0$$

物理パラメータを代入すると，次式となる．

$$\frac{d^2x(t)}{dt^2} + 2x(t) = \cos t, \quad x(0) = 0, \quad \frac{dx(0)}{dt} = 0$$

特性方程式は $H(P) = P^2 + 2 = 0$ より，特性根は $P = \pm i\sqrt{2}$ となる．同次方程式の一般解は，$x_h(t) = c_1\sin\sqrt{2}t + c_2\cos\sqrt{2}t$ となる．非同次方程式の特殊解 $x_p(t)$ を未定係数法で求める．特殊解の候補を $x_p(t) = \alpha\cos t + \beta\sin t$ として α，β を求めると，$\alpha = 1$，$\beta = 0$ を得る．よって，非同次方程式の特殊解は，$x_p(t) = \cos t$ となり，非同次方程式の一般解は，$x(t) = \cos t + c_1\sin\sqrt{2}t + c_2\cos\sqrt{2}t$ となる．初期条件から，$x(0) = 1 + c_2 = 0$，$\dfrac{dx(0)}{dt} = c_1 = 0$ より，$c_1 = 0$，$c_2 = -1$ となるから，$x(t) = \cos t - \cos\sqrt{2}t\,[\mathrm{m}]$ となる．これより，振動角周波数が $1\,\mathrm{rad/s}$ と $\sqrt{2}\,\mathrm{rad/s}$ からなる合成振動となる．

次に，外力の振動角周波数 ω のみ $\omega = 1\,\mathrm{rad/s}$ から $\omega = \sqrt{2}\,\mathrm{rad/s}$ に変更して解く．

$$\frac{d^2x(t)}{dt^2} + 2x(t) = \cos\sqrt{2}t, \quad x(0) = 0, \quad \frac{dx(0)}{dt} = 0$$

同次方程式の一般解は変わらず，$x_h(t) = c_1\sin\sqrt{2}t + c_2\cos\sqrt{2}t$ である．非同次方程式の特殊解 $x_p(t)$ を未定係数法で求める．特殊解の候補を $x_p(t) = t\left(\alpha\cos\sqrt{2}t + \beta\sin\sqrt{2}t\right)$ として α，β を求めると，$\alpha = 0$，$\beta = \dfrac{\sqrt{2}}{4}$ を得る．よって，非同次方程式の特殊解は，$x_p(t) = \dfrac{\sqrt{2}}{4}t\sin\sqrt{2}t$ となり，非同次方程式の一般解は，$x(t) = \dfrac{\sqrt{2}}{4}t\sin\sqrt{2}t + c_1\sin\sqrt{2}t + c_2\cos\sqrt{2}t$ となる．初期条件から，$x(0) = c_2 = 0$，$\dfrac{dx(0)}{dt} = c_1 = 0$ より，$c_1 = 0$，$c_2 = 0$ となるから，$x(t) = \dfrac{\sqrt{2}}{4}t\sin\sqrt{2}t\,[\mathrm{m}]$ となる．この現象は時間経過とともに振動しながら振幅が増加することを意味する．すなわち，外力の振動角周波数 $\omega\,(=\sqrt{2})$ と同次方程式の特性根の $\sqrt{2}$ が一致するため，共振現象が生じ，物体の変位は振動しながら発散することがわかる．

1.9 題意より，運動方程式は以下となる．

$$M\frac{dv(t)}{dt} = F - Dv(t)$$

式変形すると以下となり，1 階非同次方程式として表されていることがわかる．

$$M\frac{dv(t)}{dt} + Dv(t) = F$$

これに対応する同次方程式の解は，特性方程式が $H(P) = MP + D = 0$ より，特性根が $P = -\dfrac{D}{M}$ であることから，$v_h(t) = ce^{-\frac{D}{M}t}$ (c : 任意定数) となる．一方，非同次方程式の特殊解の候補を $v_p(t) = A$ として A を求めると，$A = \dfrac{F}{D}$ となる．よって，一般解として，$v(t) = \dfrac{F}{D} + ce^{-\frac{D}{M}t}$ を得る．ただし，初期条件は題意より $v(0) = 0$ なので，$c = -\dfrac{F}{D}$ となるので，$v(t) = \dfrac{F}{D}(1 - e^{-\frac{D}{M}t})\,[\mathrm{m/s}]$ を得る．ここで，十分な時間が経つと，$v(\infty) = \dfrac{F}{D} = 36 \times \dfrac{1000}{3600} = 10\,\mathrm{m/s}$ となる．これより F を求めると，$F = Dv(\infty) = 100 \times 10 = 1000\,\mathrm{N}$ となる．

1.10 タンク内の液量の変化は流入量から流出量を引いたものになるので，以下の微分方程式を得る．

$$\frac{d(Ah(t))}{dt} = q_{in} - \frac{h(t)}{R}$$

式変形すると以下となり，1 階非同次方程式として表されていることがわかる．

$$A\frac{dh(t)}{dt} + \frac{h(t)}{R} = q_{in}$$

問題 1.9 と同様にして解くと，$h(t) = Rq_{in} + ce^{-\frac{t}{AR}}$ (c : 任意定数) となる．ここで，初期条件から $h(0) = Rq_{in} + c = h_0$ より，$c = h_0 - Rq_{in}$ となるので，$h(t) = Rq_{in} + (h_0 - Rq_{in})e^{-\frac{t}{AR}}$，すなわち $h(t) = h_0 e^{-\frac{t}{AR}} + Rq_{in}(1 - e^{-\frac{t}{AR}})\,[\mathrm{m}]$ を得る．

1.11 反応速度は $\dfrac{dx(t)}{dt}$ で表され，時刻 t における物質 A の濃度は $x_0 - x(t)$ で与えられるので，以下の微分方程式を得る．

$$\frac{dx(t)}{dt} = k(x_0 - x(t)), \quad x(0) = 0$$

これは変数分離型微分方程式である．

$$\frac{dx}{x_0 - x} = kdt$$

$$\int \frac{dx}{x_0 - x} = \int kdt$$

$$-\log(x_0 - x) = kt + c_1 \quad (c_1 : 任意定数)$$

$$x(t) = x_0 - e^{-kt - c_1}$$

$$x(t) = x_0 - ce^{-kt} \quad (c : 任意定数)$$

初期条件より，$c = x_0$ となるので，$x(t) = x_0(1 - e^{-kt})\,[\mathrm{mol/L}]$ を得る．ここで，上式か

166　章末問題の解答

ら k を求めると，$k = \dfrac{1}{t} \log \dfrac{x_0}{x_0 - x(t)}$ を得る．これは，時刻 $t\,[\mathrm{s}]$ 経過後に反応した濃度 $x(t)[\mathrm{mol/L}]$ がわかれば反応速度定数を求められることを意味する．

第2章

2.1 (1)

$$
\begin{aligned}
\boldsymbol{a} \cdot (\boldsymbol{b} \times \boldsymbol{c}) &= a_x(b_y c_z - b_z c_y) + a_y(b_z c_x - b_x c_z) + a_z(b_x c_y - b_y c_x) \\
&= a_x b_y c_z + a_y b_z c_x + a_z b_x c_y - a_x b_z c_y - a_y b_x c_z - a_z b_y c_x \\
\boldsymbol{b} \cdot (\boldsymbol{c} \times \boldsymbol{a}) &= b_x(c_y a_z - c_z a_y) + b_y(c_z a_x - c_x a_z) + b_z(c_x a_y - c_y a_x) \\
&= a_z b_x c_y + a_x b_y c_z + a_y b_z c_x - a_y b_x c_z - a_z b_y c_x - a_x b_z c_y \\
\boldsymbol{c} \cdot (\boldsymbol{a} \times \boldsymbol{b}) &= c_x(a_y b_z - a_z b_y) + c_y(a_z b_x - a_x b_z) + c_z(a_x b_y - a_y b_x) \\
&= a_y b_z c_x + a_z b_x c_y + a_x b_y c_z - a_z b_y c_x - a_x b_z c_y - a_y b_x c_z
\end{aligned}
$$

三つの式の値が等しい．

(2) 左辺の各成分を計算する．

$$
\begin{aligned}
\boldsymbol{a} \times \boldsymbol{b} &= (a_y b_z - a_z b_y)\boldsymbol{i} + (a_z b_x - a_x b_z)\boldsymbol{j} + (a_x b_y - a_y b_x)\boldsymbol{k} \\
x\,\text{成分}: ((\boldsymbol{a} \times \boldsymbol{b}) \times \boldsymbol{c})_x &= (a_z b_x - a_x b_z)c_z - (a_x b_y - a_y b_x)c_y \\
&= a_z b_x c_z + a_y b_x c_y - a_x b_z c_z - a_x b_y c_y \\
y\,\text{成分}: ((\boldsymbol{a} \times \boldsymbol{b}) \times \boldsymbol{c})_y &= (a_x b_y - a_y b_x)c_x - (a_y b_z - a_z b_y)c_z \\
&= a_x b_y c_x + a_z b_y c_z - a_y b_x c_x - a_y b_z c_z \\
z\,\text{成分}: ((\boldsymbol{a} \times \boldsymbol{b}) \times \boldsymbol{c})_z &= (a_y b_z - a_z b_y)c_y - (a_z b_x - a_x b_z)c_x \\
&= a_y b_z c_y + a_x b_z c_x - a_z b_y c_y - a_z b_x c_x
\end{aligned}
$$

次に，右辺の各成分を求める．

$$
\begin{aligned}
(\boldsymbol{c} \cdot \boldsymbol{a})\boldsymbol{b} - (\boldsymbol{b} \cdot \boldsymbol{c})\boldsymbol{a} &= (a_x c_x + a_y c_y + a_z c_z)\boldsymbol{b} - (b_x c_x + b_y c_y + b_z c_z)\boldsymbol{a} \\
((\boldsymbol{c} \cdot \boldsymbol{a})\boldsymbol{b} - (\boldsymbol{b} \cdot \boldsymbol{c})\boldsymbol{a})_x &= a_x b_x c_x + a_y b_x c_y + a_z b_x c_z - a_x b_x c_x - a_x b_y c_y - a_x b_z c_z \\
&= a_y b_x c_y + a_z b_x c_z - a_x b_y c_y - a_x b_z c_z \\
((\boldsymbol{c} \cdot \boldsymbol{a})\boldsymbol{b} - (\boldsymbol{b} \cdot \boldsymbol{c})\boldsymbol{a})_y &= a_x b_y c_x + a_y b_y c_y + a_z b_y c_z - a_y b_x c_x - a_y b_y c_y - a_y b_z c_z \\
&= a_x b_y c_x + a_z b_y c_z - a_y b_x c_x - a_y b_z c_z \\
((\boldsymbol{c} \cdot \boldsymbol{a})\boldsymbol{b} - (\boldsymbol{b} \cdot \boldsymbol{c})\boldsymbol{a})_z &= a_x b_z c_x + a_y b_z c_y + a_z b_z c_z - a_z b_x c_x - a_z b_y c_y - a_z b_z c_z \\
&= a_x b_z c_x + a_y b_z c_y - a_z b_x c_x - a_z b_y c_y
\end{aligned}
$$

左辺，右辺の各成分を比べれば，式 (2.23) が成り立つことが示される．

2.2 立方体の各辺を x, y, z 軸にとると，平行六面体の体積は，次の三つのベクトルのスカラー三重積になる：$\boldsymbol{a}_1 = \left(\dfrac{a}{2}, 0, \dfrac{a}{2}\right)$，$\boldsymbol{a}_2 = \left(\dfrac{a}{2}, \dfrac{a}{2}, 0\right)$，$\boldsymbol{a}_3 = \left(0, \dfrac{a}{2}, \dfrac{a}{2}\right)$．$\boldsymbol{a}_2 \times \boldsymbol{a}_3 = \dfrac{a^2}{4}(1, -1, 1)$

より，$\boldsymbol{a}_1 \cdot (\boldsymbol{a}_2 \times \boldsymbol{a}_3) = \dfrac{a^3}{4}$ となる．

2.3 らせん（xy 平面で円を描きながら，z 軸方向へ進む）．式 (2.44) より，

$$s = \int_0^{2\pi} \sqrt{a^2 \sin^2 t + a^2 \cos^2 t + b^2}\,dt = 2\pi\sqrt{a^2 + b^2}$$

2.4 $\boldsymbol{r}(x, y) = (x, y, xy)$, $\dfrac{\partial \boldsymbol{r}}{\partial x} = (1, 0, y)$, $\dfrac{\partial \boldsymbol{r}}{\partial y} = (0, 1, x)$, $\dfrac{\partial \boldsymbol{r}}{\partial x} \times \dfrac{\partial \boldsymbol{r}}{\partial y} = (-y, -x, 1)$.
よって，

$$\left(\frac{-y}{\sqrt{x^2 + y^2 + 1}}, \frac{-x}{\sqrt{x^2 + y^2 + 1}}, \frac{1}{\sqrt{x^2 + y^2 + 1}} \right)$$

2.5 $\qquad \nabla r^2 = \nabla(x^2 + y^2 + z^2) = (2x, 2y, 2z) = 2\boldsymbol{r}$

$$\nabla \left(\frac{1}{r} \right) = \nabla \left(\frac{1}{\sqrt{x^2 + y^2 + z^2}} \right) = \frac{-1}{(x^2 + y^2 + z^2)^{\frac{3}{2}}}(x, y, z) = -\frac{\boldsymbol{r}}{r^3}$$

$\dfrac{\partial r}{\partial x} = \dfrac{x}{\sqrt{x^2 + y^2 + z^2}} = \dfrac{x}{r}$ などより，$\nabla \log r = \dfrac{1}{r}\left(\dfrac{\partial r}{\partial x}, \dfrac{\partial r}{\partial y}, \dfrac{\partial r}{\partial z} \right) = \dfrac{\boldsymbol{r}}{r^2}$ となる．

2.6 $\mathrm{grad}\, r = \nabla r = \dfrac{x\boldsymbol{i} + y\boldsymbol{j} + z\boldsymbol{k}}{\sqrt{x^2 + y^2 + z^2}}$, $\dfrac{\partial}{\partial x}\left(\dfrac{x}{\sqrt{x^2 + y^2 + z^2}} \right) = \dfrac{y^2 + z^2}{(x^2 + y^2 + z^2)^{\frac{3}{2}}}$ など

より，$\mathrm{div}(\mathrm{grad}\, r) = \nabla \cdot \nabla r = \dfrac{2(x^2 + y^2 + z^2)}{(x^2 + y^2 + z^2)^{\frac{3}{2}}} = \dfrac{2}{r}$ となる．

一般に，$\nabla \cdot \nabla \phi = \nabla \cdot \left(\dfrac{\partial \phi}{\partial x}, \dfrac{\partial \phi}{\partial y}, \dfrac{\partial \phi}{\partial z} \right) = \dfrac{\partial^2 \phi}{\partial^2 x} + \dfrac{\partial^2 \phi}{\partial^2 y} + \dfrac{\partial^2 \phi}{\partial^2 z}$ が成り立つ．

2.7 $\dfrac{\partial}{\partial x} f(r) = \dfrac{df}{dr}\dfrac{\partial r}{\partial x} = \dfrac{df}{dr}\dfrac{x}{r}$, $\dfrac{\partial}{\partial x}\left(\dfrac{x}{r} \right) = \dfrac{y^2 + z^2}{r^3}$ であるので，

$$\frac{\partial^2}{\partial x^2} f = \frac{d^2 f}{dr^2}\left(\frac{x}{r} \right)^2 + \frac{df}{dr}\frac{\partial}{\partial x}\left(\frac{x}{r} \right) = \frac{d^2 f}{dr^2}\left(\frac{x}{r} \right)^2 + \frac{df}{dr}\frac{y^2 + z^2}{r^3}$$

となり，y, z についても同様．よって，$\triangle f(r) = \dfrac{d^2 f}{dr^2} + \dfrac{df}{dr}\dfrac{2}{r}$ が成り立つ．

2.8 (1) $\dfrac{\partial}{\partial x}\left(\dfrac{x}{r} \right) = \dfrac{y^2 + z^2}{r^3}$ などより，$\nabla \cdot \boldsymbol{a} = \dfrac{\partial}{\partial x}\left(\dfrac{x}{r} \right) + \dfrac{\partial}{\partial y}\left(\dfrac{y}{r} \right) + \dfrac{\partial}{\partial z}\left(\dfrac{z}{r} \right) = \dfrac{y^2 + z^2}{r^3} +$ $\dfrac{x^2 + z^2}{r^3} + \dfrac{x^2 + y^2}{r^3} = \dfrac{2}{r}$ となる．また，$(\nabla \times \boldsymbol{a})_x = \dfrac{\partial}{\partial y}\dfrac{z}{r} - \dfrac{\partial}{\partial z}\dfrac{y}{r} = -\dfrac{z}{r^2}\dfrac{y}{r} + \dfrac{y}{r^2}\dfrac{z}{r} = 0$ となり，y, z 成分も同様であるから，$\nabla \times \boldsymbol{a} = 0$ となる（$\boldsymbol{a} = \nabla r$）．

(2) $\nabla \cdot \boldsymbol{b} = \dfrac{\partial(zy)}{\partial x} - \dfrac{\partial(zx)}{\partial y} + \dfrac{\partial(xy)}{\partial z} = 0$ となる．また，$(\nabla \times \boldsymbol{b})_x = \dfrac{\partial(xy)}{\partial y} + \dfrac{\partial(zx)}{\partial z} = 2x$, $(\nabla \times \boldsymbol{b})_y = \dfrac{\partial(zy)}{\partial z} - \dfrac{\partial(xy)}{\partial x} = 0$, $(\nabla \times \boldsymbol{b})_z = -\dfrac{\partial(zx)}{\partial x} - \dfrac{\partial(zy)}{\partial y} = -2z$ より，$\nabla \times \boldsymbol{b} = 2x\boldsymbol{i} - 2z\boldsymbol{k}$ となる．

168   章末問題の解答

2.9 (1) $\nabla \cdot (\phi \boldsymbol{a}) = \dfrac{\partial \phi}{\partial x} a_x + \phi \dfrac{\partial a_x}{\partial x} + \dfrac{\partial \phi}{\partial y} a_y + \phi \dfrac{\partial a_y}{\partial y} + \dfrac{\partial \phi}{\partial z} a_z + \phi \dfrac{\partial a_z}{\partial z} = $

$\left(\dfrac{\partial \phi}{\partial x} a_x + \dfrac{\partial \phi}{\partial y} a_y + \dfrac{\partial \phi}{\partial z} a_z \right) + \phi \left(\dfrac{\partial a_x}{\partial x} + \dfrac{\partial a_y}{\partial y} + \dfrac{\partial a_z}{\partial z} \right) = \nabla \phi \cdot \boldsymbol{a} + \phi \nabla \cdot \boldsymbol{a}$

(2) $\nabla \cdot (\nabla \times \boldsymbol{a}) = \dfrac{\partial}{\partial x} \left(\dfrac{\partial a_z}{\partial y} - \dfrac{\partial a_y}{\partial z} \right) + \dfrac{\partial}{\partial y} \left(\dfrac{\partial a_x}{\partial z} - \dfrac{\partial a_z}{\partial x} \right) + \dfrac{\partial}{\partial z} \left(\dfrac{\partial a_y}{\partial x} - \dfrac{\partial a_x}{\partial y} \right) = 0$

2.10 $\boldsymbol{a} = 2a \cos t \boldsymbol{i} + a \sin t \boldsymbol{j} - 2k$, $\dfrac{d\boldsymbol{r}}{dt} = -a \sin t \boldsymbol{i} + a \cos t \boldsymbol{j} + b\boldsymbol{k}$ より, $\displaystyle\int_0^{\frac{\pi}{2}} \boldsymbol{a} \cdot \dfrac{d\boldsymbol{r}}{dt}\, dt =$

$\displaystyle\int_0^{\frac{\pi}{2}} \left(-a^2 \sin t \cos t - 2b \right) dt = -\dfrac{a^2}{2} - b\pi$ となる.

2.11 $\nabla \times (\nabla \phi) = 0$ (式 (2.58)), ストークスの定理より, $\displaystyle\int_C \nabla \phi \cdot d\boldsymbol{r} = \int_S (\nabla \times (\nabla \phi)) \cdot$

$\boldsymbol{n}\, dS = 0$ となる. あるいは, C が閉曲線なら, 式 (2.66) で点 P と点 P_0 が同じ点になるので, 値はゼロになる. 例題 2.13 も参照.

2.12 $\nabla \cdot \boldsymbol{a} = 6xy^4z^2 + 3 - 6xy^4z^2 = 3$ より, $\displaystyle\int_S \boldsymbol{a} \cdot \boldsymbol{n}\, dS = \int_V \nabla \cdot \boldsymbol{a}\, dv = \int_V 3\, dv =$

$3\dfrac{4\pi}{3} = 4\pi$ となる.

2.13 $\nabla \times \boldsymbol{a} = \boldsymbol{i} + \boldsymbol{j} + \boldsymbol{k}$, 三角形 S の法線ベクトルは $\boldsymbol{n} = \dfrac{\boldsymbol{i}}{\sqrt{3}} + \dfrac{\boldsymbol{j}}{\sqrt{3}} + \dfrac{\boldsymbol{k}}{\sqrt{3}}$, 面積は $\dfrac{\sqrt{3}}{2}$

であるから, $\displaystyle\int_C \boldsymbol{a} \cdot d\boldsymbol{r} = \int_S (\nabla \times \boldsymbol{a}) \cdot \boldsymbol{n}\, dS = \int_S \sqrt{3}\, dS = \dfrac{3}{2}$ となる.

第3章

3.1 (1) $i = e^{i\frac{\pi}{2}}$ より, $(i)^{\frac{1}{2}} = e^{i\frac{\pi/2 + 2k\pi}{2}}$ $(k = 0, 1)$, すなわち $e^{i\frac{\pi}{4}} = \dfrac{\sqrt{2}}{2} + i\dfrac{\sqrt{2}}{2}$,

$e^{i\frac{5\pi}{4}} = -\dfrac{\sqrt{2}}{2} - i\dfrac{\sqrt{2}}{2}$ となる.

(2) $-1 + i = \sqrt{2}e^{i\frac{3\pi}{4}}$ より, $(-1+i)^{\frac{1}{3}} = 2^{\frac{1}{6}}e^{i\frac{3\pi/4 + 2k\pi}{3}}$ $(k = 0, 1, 2)$, すなわち

$2^{\frac{1}{6}}e^{i\frac{\pi}{4}} = 2^{\frac{1}{6}} \left(\cos\dfrac{\pi}{4} + i \sin\dfrac{\pi}{4} \right) = 2^{-\frac{1}{3}} + i2^{-\frac{1}{3}}$, $2^{\frac{1}{6}}e^{i\frac{11\pi}{12}} = 2^{\frac{1}{6}} \left(\cos\dfrac{11\pi}{12} + i \sin\dfrac{11\pi}{12} \right)$,

$2^{\frac{1}{6}}e^{i\frac{19\pi}{12}} = 2^{\frac{1}{6}} \left(\cos\dfrac{19\pi}{12} + i \sin\dfrac{19\pi}{12} \right)$ となる.

3.2 式 (3.25): $\cos^2 z + \sin^2 z = \left(\dfrac{e^{iz} + e^{-iz}}{2} \right)^2 + \left(\dfrac{e^{iz} - e^{-iz}}{2i} \right)^2$

$= \dfrac{e^{2iz} + 2 + e^{-2iz}}{4} - \dfrac{e^{2iz} - 2 + e^{-2iz}}{4} = 1$

式 (3.26) の証明の方針の例: 左辺を, 式 (3.24) を用いて指数関数で表す. 次に, 式 (3.24) を e^{iz}, e^{-iz} について解いて得られる式 $e^{iz} = \cos z + i \sin z$, $e^{-iz} = \cos z - i \sin z$ を用いて, 指数関数を三角関数に書きなおすと, 右辺を得る.

$\sin(z_1 + z_2) = \dfrac{e^{iz_1}e^{iz_2} - e^{-iz_1}e^{-iz_2}}{2i}$

$$= \frac{(\cos z_1 + i\sin z_1)(\cos z_2 + i\sin z_2) - (\cos z_1 - i\sin z_1)(\cos z_2 - i\sin z_2)}{2i}$$

$$\cos(z_1 + z_2) = \frac{e^{iz_1}e^{iz_2} + e^{-iz_1}e^{-iz_2}}{2}$$

$$= \frac{(\cos z_1 + i\sin z_1)(\cos z_2 + i\sin z_2) + (\cos z_1 - i\sin z_1)(\cos z_2 - i\sin z_2)}{2}$$

右辺を計算，整理すると，式 (3.26) が得られる．

3.3 $\sin \overline{z} = \dfrac{1}{i}\dfrac{e^{i\overline{z}} - e^{-i\overline{z}}}{2} = \dfrac{1}{i}\dfrac{\overline{e^{-iz}} - \overline{e^{iz}}}{2} = \dfrac{-1}{i}\overline{\left(\dfrac{e^{iz} - e^{-iz}}{2}\right)} = \overline{\left(\dfrac{1}{i}\right)}\overline{\left(\dfrac{e^{iz} - e^{-iz}}{2}\right)} = \overline{\sin z}$

3.4 $z = \cos w = \dfrac{e^{iw} + e^{-iw}}{2}$, $(e^{iw})^2 - 2ze^{iw} + 1 = 0$ より $e^{iw} = z \pm \sqrt{z^2 - 1}$ となり，w について解くと，$\cos^{-1} z$ が得られる．また，$z = \tan w = \dfrac{1}{i}\dfrac{e^{iw} - e^{-iw}}{e^{iw} + e^{-iw}}$, $(e^{iw})^2(1-iz) = 1+iz$ より $e^{2iw} = \dfrac{1 + iz}{1 - iz}$ となり，w について解くと，$\tan^{-1} z$ が得られる．

3.5 $\log(-2) = \log 2 + i(1 + 2n)\pi$ より，$(-2)^i = e^{i\log(-2)} = e^{i\log 2 - (1+2n)\pi} = e^{-(1+2n)\pi}\{\cos(\log 2) + i\sin(\log 2)\}$ となる．

3.6 $f(z) = u(x,y) + iv(x,y)$ とする．$zf(z) = (x+iy)(u+iv) = (xu - yv) + i(xv + yu) = U + iV$ とおくと，

$$\frac{\partial U}{\partial x} = \frac{\partial(xu - yv)}{\partial x} = u + x\frac{\partial u}{\partial x} - y\frac{\partial v}{\partial x}, \quad \frac{\partial V}{\partial y} = \frac{\partial(xv + yu)}{\partial y} = x\frac{\partial v}{\partial y} + u + y\frac{\partial u}{\partial y}$$

となる．u, v がコーシー・リーマンの式を満たせば $\dfrac{\partial U}{\partial x} = \dfrac{\partial V}{\partial y}$ が成り立つ．また，

$$\frac{\partial U}{\partial y} = \frac{\partial(xu - yv)}{\partial y} = x\frac{\partial u}{\partial y} - v - y\frac{\partial v}{\partial y}, \quad \frac{\partial V}{\partial x} = \frac{\partial(xv + yu)}{\partial x} = v + x\frac{\partial v}{\partial x} + y\frac{\partial u}{\partial x}$$

となる．u, v がコーシー・リーマンの式を満たせば $-\dfrac{\partial U}{\partial y} = \dfrac{\partial V}{\partial x}$ が成り立つ．よって，zf も正則であり，導関数は以下のようになる．

$$(zf)' = u + x\frac{\partial u}{\partial x} - y\frac{\partial v}{\partial x} + i\left(v + x\frac{\partial v}{\partial x} + y\frac{\partial u}{\partial x}\right) = u + iv + (x + iy)\left(\frac{\partial u}{\partial x} + i\frac{\partial v}{\partial x}\right) = f + zf'$$

3.7 (1) 可能．$f = e^{x^2 - y^2}(\cos 2xy + i\sin 2xy)$

$$\frac{\partial u}{\partial x} = e^{x^2 - y^2}(2x\cos 2xy - 2y\sin 2xy) = \frac{\partial v}{\partial y}$$

$$\frac{\partial v}{\partial x} = e^{x^2 - y^2}(2x\sin 2xy + 2y\cos 2xy) = -\frac{\partial u}{\partial y}$$

$$\frac{df}{dz} = e^{x^2 - y^2}\{(2x\cos 2xy - 2y\sin 2xy) + i(2x\sin 2xy + 2y\cos 2xy)\} = 2ze^{z^2}$$

(2) 不可能．$\dfrac{\partial u}{\partial x} = \dfrac{\partial(e^x \cos y)}{\partial x} = e^x \cos y$, $\dfrac{\partial v}{\partial y} = \dfrac{\partial(-e^x \sin y)}{\partial y} = -e^x \cos y$

(3) 不可能．

$$\frac{\partial u}{\partial x} = \frac{\partial}{\partial x}\left(x\sqrt{x^2+y^2}\right) = \frac{2x^2+y^2}{\sqrt{x^2+y^2}}, \quad \frac{\partial v}{\partial y} = \frac{\partial}{\partial y}\left(y\sqrt{x^2+y^2}\right) = \frac{x^2+2y^2}{\sqrt{x^2+y^2}}$$

(4) 可能.

$$\frac{\partial u}{\partial x} = \frac{\partial}{\partial x}\left(\frac{x}{x^2+y^2}\right) = \frac{-x^2+y^2}{(x^2+y^2)^2}, \quad \frac{\partial v}{\partial y} = \frac{\partial}{\partial y}\left(\frac{-y}{x^2+y^2}\right) = \frac{-x^2+y^2}{(x^2+y^2)^2},$$

$$\frac{\partial u}{\partial y} = \frac{\partial}{\partial y}\left(\frac{x}{x^2+y^2}\right) = \frac{-2xy}{(x^2+y^2)^2}, \quad \frac{\partial v}{\partial x} = \frac{\partial}{\partial x}\left(\frac{-y}{x^2+y^2}\right) = \frac{2xy}{(x^2+y^2)^2},$$

$$\frac{df}{dz} = \frac{-x^2+y^2+i2xy}{(x^2+y^2)^2} = \frac{-(x-iy)^2}{(x^2+y^2)^2} = -z^{-2} \quad \left(f = \frac{1}{z}\right)$$

3.8 被積分関数 f が正則であるとき，積分は経路によらない．このとき積分は f の不定積分 F $(F' = f)$ を用い，$F(b) - F(a)$ で計算される（a, b は積分経路の始点，終点）.
(1) $F = z^2 + z$, $(1+i)^2 + (1+i) - 0 = 1 + 3i$　　(2) $F = e^z$, $e^{2+i} - e$

3.9 (1) 特異点 $z = 1$ で，留数 $\left.\dfrac{2z}{z+3}\right|_{z=1} = \dfrac{1}{2}$，積分 $2\pi i \times \dfrac{1}{2} = \pi i$

(2) $z = 0$ で $\left.\dfrac{e^z}{z+1}\right|_{z=0} = 1$, $z = -1$ で $\left.\dfrac{e^z}{z}\right|_{z=-1} = -e^{-1}$ より，$2\pi i\left(1 - \dfrac{1}{e}\right)$

(3) $z = i$ で $\left.\dfrac{e^{tz}}{z+i}\right|_{z=i} = \dfrac{e^{it}}{2i}$, $z = -i$ で $\left.\dfrac{e^{tz}}{z-i}\right|_{z=-i} = -\dfrac{e^{-it}}{2i}$ より，$2\pi i \sin t$

(4) $z = 0$ で，$\left.\dfrac{1}{2}\dfrac{d^2}{dz^2}\left(z^3\dfrac{e^{iz}}{z^3}\right)\right|_{z=0} = \left.\dfrac{-e^{iz}}{2}\right|_{z=0} = -\dfrac{1}{2}$ より，$-\pi i$

3.10 (1) $\dfrac{1}{z^3(2-z)} = \dfrac{1}{z^3}\left(\dfrac{1}{2-z}\right) = \dfrac{1}{z^3}\dfrac{1}{2}\left\{1 + \dfrac{z}{2} + \left(\dfrac{z}{2}\right)^2 + \cdots\right\}$

$= \dfrac{1}{2z^3} + \dfrac{1}{4z^2} + \dfrac{1}{8z} + \dfrac{1}{16} + \dfrac{z}{32} + \cdots \dfrac{z^n}{2^{n+4}} + \cdots$

(2) e^z のマクローリン展開は，実変数の場合と同様に $1 + z + \dfrac{z^2}{2!} + \dfrac{z^3}{3!} + \cdots$ であるから，$z - 1 = u$ とおくと，次式となる.

$$\frac{e^{u+1}}{u^2} = \frac{e}{u^2}\left(1 + \frac{u}{1!} + \frac{u^2}{2!} + \frac{u^3}{3!} + \cdots\right) = \frac{e}{u^2} + \frac{e}{u} + \frac{e}{2!} + \frac{eu}{3!} + \cdots$$

$$= \frac{e}{(z-1)^2} + \frac{e}{z-1} + \frac{e}{2!} + \frac{e(z-1)}{3!} + \cdots + \frac{e(z-1)^n}{(n+2)!} + \cdots$$

(3) $\sin z$ のマクローリン展開は，実変数の場合と同様に $z - \dfrac{z^3}{3!} + \dfrac{z^5}{5!} - \cdots$ であるから，次式となる.

$$\frac{1}{z^3}\sin z = \frac{1}{z^3}\left(z - \frac{z^3}{3!} + \frac{z^5}{5!} - \cdots\right) = \frac{1}{z^2} - \frac{1}{3!} + \frac{z^2}{5!} + \cdots + \frac{(-1)^{n-1}z^{2n}}{(2n+3)!} + \cdots$$

(4) $z + 1 = u$ とおくと，

$$\frac{u-1}{u(u+1)} = \frac{u-1}{u}\left(1 - u + u^2 - u^3 + \cdots\right) = -\frac{1}{u} + 2 - 2u + 2u^2 - 2u^3 + \cdots$$
$$= -\frac{1}{z+1} + 2 - 2(z+1) + 2(z+1)^2 - 2(z+1)^3 + \cdots$$

3.11 (1) 図 3.15 の積分経路で, x を z に置き換えた関数を積分する.
$\text{Res}[f, i] = \dfrac{1}{(z+i)(z^2+4)}\Big|_{z=i} = \dfrac{1}{6i}$, $\text{Res}[f, 2i] = \dfrac{1}{(z^2+1)(z+2i)}\Big|_{z=2i} = \dfrac{-1}{12i}$ より,
$I = 2\pi i\left(\dfrac{1}{6i} - \dfrac{1}{12i}\right) = \dfrac{\pi}{6}$ となる.

(2) 前問と同様. $\text{Res}[f, i] = \dfrac{d}{dz}\left(\dfrac{1}{(z+i)^2}\right)\Big|_{z=i} = \dfrac{-2}{(z+i)^3}\Big|_{z=i} = \dfrac{1}{4i}$ より,
$I = 2\pi i\dfrac{1}{4i} = \dfrac{\pi}{2}$ となる.

(3) $z = e^{i\theta}$ とおき, 図 3.16 の積分経路で積分する. 例題 3.17 にならって
$$\int \frac{1}{5 + 3(z - z^{-1})/(2i)}\frac{1}{iz}dz = \int \frac{2}{(3z+i)(z+3i)}dz$$
となり, 積分経路の円の内部の特異点は $-\dfrac{i}{3}$ であるから, $\text{Res}\left[f, -\dfrac{i}{3}\right] = \dfrac{2}{3(z+3i)}\Big|_{z=-\frac{i}{3}} = \dfrac{2}{8i}$, $I = 2\pi i\dfrac{1}{4i} = \dfrac{\pi}{2}$ となる.

(4) 前問と同様に考える.
$$\int \frac{1}{\{(z+z^{-1})/2 + 2\}^2}\frac{1}{iz}dz = \int \frac{4z}{i(z^2+4z+1)^2}dz$$
$$= \int \frac{4z}{i(z+2+\sqrt{3})^2(z+2-\sqrt{3})^2}dz,$$
$$\text{Res}[f, -2+\sqrt{3}] = \frac{d}{dz}\left(\frac{4z}{i(z+2+\sqrt{3})^2}\right)\Big|_{z=-2+\sqrt{3}} = \frac{4(-z+2+\sqrt{3})}{i(z+2+\sqrt{3})^3}\Big|_{z=-2+\sqrt{3}}$$
$$= \frac{2}{i3\sqrt{3}},$$
$$I = 2\pi i\frac{2}{i3\sqrt{3}} = \frac{4\pi}{3\sqrt{3}}$$

3.12 図 3.15 の積分経路で $\displaystyle\int_{-\infty}^{\infty}\frac{e^{iz}}{z^2+1}dz$ を計算する. $\text{Res}[f, i] = \dfrac{e^{iz}}{z+i}\Big|_{z=i} = \dfrac{1}{2ie}$ より, $\displaystyle\int_{-\infty}^{\infty}\frac{e^{ix}}{x^2+1}dx = 2\pi i\dfrac{1}{2ie} = \dfrac{\pi}{e}$ となる. $\displaystyle\int_{-\infty}^{\infty}\frac{\cos x}{x^2+1}dx$ はその実部なので, $\dfrac{\pi}{e}$ となる.

第 4 章

4.1 (1) $f(t) = t^2$, 偶関数であるので, 式 (4.16) より, 以下となる.

172　章末問題の解答

$$a_0 = \frac{4}{T} \int_0^{\frac{T}{2}} t^2 dt = \frac{4}{T} \left[\frac{1}{3} t^3 \right]_0^{\frac{T}{2}} = \frac{T^2}{6}$$

$$a_n = \frac{4}{T} \int_0^{\frac{T}{2}} t^2 \cos n\omega_0 t \, dt = \frac{4}{T} \left[t^2 \frac{1}{n\omega_0} \sin n\omega_0 t \right]_0^{\frac{T}{2}} - \frac{4}{T} \frac{1}{n\omega_0} \int_0^{\frac{T}{2}} 2t \sin n\omega_0 t \, dt$$

$$= \frac{4}{T} \left[\frac{2}{(n\omega_0)^2} t \cos n\omega_0 t \right]_0^{\frac{T}{2}} - \frac{4}{T} \frac{2}{(n\omega_0)^2} \int_0^{\frac{T}{2}} \cos n\omega_0 t \, dt = \frac{4}{T} \frac{T}{(n\omega_0)^2} \cos n\pi$$

$$a_n = \frac{4}{(n\omega_0)^2} (-1)^n, \quad f(t) = \frac{T^2}{12} + \sum \frac{4}{(n\omega_0)^2} (-1)^n \cos n\omega_0 t$$

(2) $f(t) = \begin{cases} 0 & \left(-\dfrac{T}{2} \leq t < 0 \right) \\[2mm] 2\dfrac{t}{T} & \left(0 \leq t < \dfrac{T}{2} \right) \end{cases}$ ，式 (4.11)，(4.12) より，以下となる．

$$a_0 = \frac{2}{T} \int_0^{\frac{T}{2}} \frac{2}{T} t \, dt = \frac{4}{T^2} \left[\frac{1}{2} t^2 \right]_0^{\frac{T}{2}} = \frac{1}{2}$$

$$a_n = \frac{2}{T} \int_0^{\frac{T}{2}} \frac{2}{T} t \cos n\omega_0 t \, dt = \frac{4}{T^2} \left\{ \left[\frac{1}{n\omega_0} t \sin n\omega_0 t \right]_0^{\frac{T}{2}} - \int_0^{\frac{T}{2}} \frac{1}{n\omega_0} \sin n\omega_0 t \, dt \right\}$$

$$= \frac{4}{T^2} \frac{1}{n^2 \omega_0^2} (\cos n\pi - 1)$$

（　）の中は，n が偶数ならゼロ，奇数なら -2 であるので，$a_{2n-1} = \dfrac{-2}{(2n-1)^2 \pi^2}$ となる．

$$b_n = \frac{2}{T} \int_0^{\frac{T}{2}} \frac{2}{T} t \sin n\omega_0 t \, dt = \frac{4}{T^2} \left\{ \left[\frac{-1}{n\omega_0} t \cos n\omega_0 t \right]_0^{\frac{T}{2}} + \int_0^{\frac{T}{2}} \frac{1}{n\omega_0} \cos n\omega_0 t \, dt \right\}$$

$$= \frac{4}{T^2} \frac{-1}{n\omega_0} \frac{T}{2} \cos n\pi = \frac{1}{n\pi} (-1)^{n-1}$$

$$f(t) = \frac{1}{4} + \sum \left\{ \frac{-2}{(2n-1)^2 \pi^2} \cos(2n-1)\omega_0 t + \frac{(-1)^{n-1}}{n\pi} \sin n\omega_0 t \right\}$$

(3) $f(t) = \sin \dfrac{\omega_0 t}{2}$，偶関数であるので，式 (4.16) より，以下となる．

$$a_0 = \frac{4}{T} \int_0^{\frac{T}{2}} \sin \frac{\omega_0 t}{2} dt = \frac{4}{T} \left[-\frac{2}{\omega_0} \cos \frac{\omega_0 t}{2} \right]_0^{\frac{T}{2}} = \frac{4}{\pi} \left(-\cos \frac{\pi}{2} + 1 \right) = \frac{4}{\pi}$$

$$a_n = \frac{4}{T} \int_0^{\frac{T}{2}} \sin \frac{\omega_0 t}{2} \cos n\omega_0 t \, dt = \frac{2}{T} \int_0^{\frac{T}{2}} \left\{ \sin \left(\frac{1}{2} + n \right) \omega_0 t - \sin \left(n - \frac{1}{2} \right) \omega_0 t \right\} dt$$

$$= \frac{2}{T\omega_0} \left[\frac{-1}{n + 1/2} \cos \left(n + \frac{1}{2} \right) \omega_0 t + \frac{1}{n - 1/2} \cos \left(n - \frac{1}{2} \right) \omega_0 t \right]_0^{\frac{T}{2}}$$

$$= \frac{1}{\pi} \left[\frac{-1}{n + 1/2} \left\{ \cos \left(n + \frac{1}{2} \right) \pi - 1 \right\} + \frac{1}{n - 1/2} \left\{ \cos \left(n - \frac{1}{2} \right) \pi - 1 \right\} \right]$$

章末問題の解答　　*173*

$$= -\frac{1}{\pi}\frac{1}{(n+1/2)(n-1/2)}$$

$$f(t) = \frac{2}{\pi} - \sum \frac{4}{\pi(4n^2-1)}\cos n\omega_0 t$$

(4) $f(t) = \begin{cases} 0 & \left(-\dfrac{T}{2} \le t < 0\right) \\ \sin(\omega_0 t) & \left(0 \le t < \dfrac{T}{2}\right) \end{cases}$ ，式 (4.11)，(4.12) より，以下となる．

$$a_0 = \frac{2}{T}\int_0^{\frac{T}{2}} \sin\omega_0 t\,dt = \frac{2}{T}\frac{1}{\omega_0}\left[-\cos\omega_0 t\right]_0^{\frac{T}{2}} = \frac{2}{\pi}$$

$$a_n = \frac{2}{T}\int_0^{\frac{T}{2}} \sin\omega_0 t\cos n\omega_0 t\,dt = \frac{1}{T}\int_0^{\frac{T}{2}} \{\sin(1+n)\omega_0 t - \sin(n-1)\omega_0 t\}\,dt$$

$$= \frac{1}{T\omega_0}\left[\frac{-1}{n+1}\cos(n+1)\omega_0 t + \frac{1}{n-1}\cos(n-1)\omega_0 t\right]_0^{\frac{T}{2}}$$

$$= \frac{1}{2\pi}\left[\frac{-1}{n+1}\{\cos(n+1)\pi - 1\} + \frac{1}{n-1}\{\cos(n-1)\pi - 1\}\right]$$

$\{\ \ \}$ 内は，n が偶数なら -2，奇数ならゼロである．ただし，$n=1$ のときは

$$a_1 = \frac{2}{T}\int_0^{\frac{T}{2}} \sin\omega_0 t\cos\omega_0 t\,dt = \frac{1}{T}\int \sin 2\omega_0 t\,dt = \frac{1}{2T\omega_0}\left[-\cos 2\omega_0 t\right]_0^{\frac{T}{2}} = 0$$

となる．以上より，$a_{2n-1} = 0$，$a_{2n} = \dfrac{-2}{\pi(4n^2-1)}$ となる．また，

$$b_n = \frac{2}{T}\int_0^{\frac{T}{2}} \sin\omega_0 t\sin n\omega_0 t\,dt = \frac{1}{T}\int \{\cos(n-1)\omega_0 t - \cos(n+1)\omega_0 t\}dt$$

$$= \frac{1}{T\omega_0}\left[\frac{1}{n-1}\sin(n-1)\omega_0 t - \frac{1}{n+1}\sin(n+1)\omega_0 t\right]_0^{\frac{T}{2}} = 0$$

となる．ただし，$n=1$ のときは $b_1 = \dfrac{2}{T}\displaystyle\int_0^{\frac{T}{2}} \sin^2\omega_0 t\,dt = \dfrac{1}{T}\displaystyle\int_0^{\frac{T}{2}} (1-\cos 2\omega_0 t)dt = \dfrac{1}{2}$
である．よって，以下となる．

$$f(t) = \frac{1}{\pi} - \sum \frac{2}{\pi(4n^2-1)}\cos 2n\omega_0 + \frac{1}{2}\sin\omega_0 t$$

4.2 偶関数であるので，式 (4.16) より，

$$a_0 = \frac{4}{T}\int_0^{\frac{T}{2}} \left(1 - \frac{4}{T}t\right)dt = 0$$

$$a_n = \frac{4}{T}\int_0^{\frac{T}{2}} \left(1 - \frac{4}{T}t\right)\cos n\omega_0 t\,dt$$

$$= \frac{4}{T}\left\{\left[\left(1-\frac{4}{T}t\right)\frac{\sin n\omega_0 t}{n\omega_0}\right]_0^{\frac{T}{2}} + \int_0^{\frac{T}{2}} \frac{4\sin n\omega_0 t}{Tn\omega_0}dt\right\} = \frac{4}{T}\left[\frac{2}{n\pi}\frac{-\cos n\omega_0 t}{n\omega_0}\right]_0^{\frac{T}{2}}$$

$$= -\frac{4}{n^2\pi^2}(\cos n\pi - 1)$$

$$a_{2n} = 0, \quad a_{2n-1} = \frac{8}{\pi^2(2n-1)^2}, \quad f(t) = \sum \frac{8}{\pi^2(2n-1)^2}\cos(2n-1)\omega_0 t$$

微分すると $f'(t) = \sum \dfrac{-16}{\pi T(2n-1)}\sin(2n-1)\omega_0 t$ となる. 例題 4.1 と比べればわかる

ように, この式は振幅 $\dfrac{4}{T}$ の方形波 (ただし負の半周期が正) を表す.

4.3 $\dfrac{\pi}{4}$ $\Bigg($例題 4.1 のフーリエ級数で $t = \dfrac{T}{4}$ とすると, $\sin(2n-1)\dfrac{\pi}{2} = \sin\left(n\pi - \dfrac{\pi}{2}\right) =$

$(-1)^{n-1}$ なので, $\sum \dfrac{\sin(2n-1)\omega_0 t}{2n-1}$ は問題の級数になる. このとき $f(t) = 1$ であること

より$\Bigg)$

4.4 (1) $u = t-\tau$ とおくと, $\dfrac{1}{\sqrt{2\pi}}\displaystyle\int_{-\infty}^{\infty} f(t-\tau)e^{-i\omega t}dt = \dfrac{1}{\sqrt{2\pi}}\displaystyle\int_{-\infty}^{\infty} f(u)e^{-i\omega(u+\tau)}du =$

$e^{-i\omega\tau}\dfrac{1}{\sqrt{2\pi}}\displaystyle\int_{-\infty}^{\infty} f(u)e^{-i\omega u}du = e^{-i\omega\tau}F(\omega)$

(2) $u = at$ とおくと, $dt = \dfrac{du}{a}$ であるので, $\dfrac{1}{\sqrt{2\pi}}\displaystyle\int_{-\infty}^{\infty} f(at)e^{-i\omega t}dt =$

$\dfrac{1}{\sqrt{2\pi}}\displaystyle\int_{-\infty}^{\infty} f(u)e^{-i\omega\frac{u}{a}}\dfrac{du}{a} = \dfrac{1}{a}F\left(\dfrac{\omega}{a}\right)$ となる.

(3) $\dfrac{1}{\sqrt{2\pi}}\displaystyle\int_{-\infty}^{\infty}\dfrac{df}{dt}e^{-i\omega t}dt = \dfrac{1}{\sqrt{2\pi}}\left(\left[f(t)e^{-i\omega t}\right]_{-\infty}^{\infty} + i\omega\displaystyle\int_{-\infty}^{\infty} f(t)e^{-i\omega t}dt\right) = i\omega F(\omega)$

4.5 $f(t) = \begin{cases} t+T & (-T < t < 0) \\ -t+T & (0 < t < T) \end{cases}$, 式 (4.61) より, 以下となる.

$$\int_{-T}^{0}(t+T)e^{-i\omega t}dt = \left[(t+T)\frac{-e^{-i\omega t}}{i\omega}\right]_{-T}^{0} + \int_{-T}^{0}\frac{e^{-i\omega t}}{i\omega}dt = \frac{-T}{i\omega} + \frac{1-e^{i\omega T}}{\omega^2}$$

$$\int_{0}^{T}(-t+T)e^{-i\omega t}dt = \left[(-t+T)\frac{-e^{-i\omega t}}{i\omega}\right]_{0}^{T} - \int_{0}^{T}\frac{e^{-i\omega t}}{i\omega}dt = \frac{T}{i\omega} + \frac{-e^{-i\omega T}+1}{\omega^2}$$

$$F(\omega) = \frac{1}{\sqrt{2\pi}}\left(\frac{1-e^{i\omega T}}{\omega^2} + \frac{1-e^{-i\omega T}}{\omega^2}\right) = \frac{-1}{\sqrt{2\pi}}\frac{e^{i\omega T}-2+e^{-i\omega T}}{\omega^2}$$

$$= \frac{-1}{\sqrt{2\pi}}\frac{(e^{i\omega\frac{T}{2}}-e^{-i\omega\frac{T}{2}})^2}{\omega^2} = \frac{1}{\sqrt{2\pi}}\left\{\frac{\sin(\omega T/2)}{\omega/2}\right\}^2$$

または, 偶関数であるので, 式 (4.63) を用いて, 以下のようになる.

$$F(\omega) = \sqrt{\frac{2}{\pi}}\int_{0}^{T}(-t+T)\cos\omega t\, dt = \sqrt{\frac{2}{\pi}}\left(\left[(-t+T)\frac{\sin\omega t}{\omega}\right]_{0}^{T} + \int_{0}^{T}\frac{\sin\omega t}{\omega}dt\right)$$

章末問題の解答　　**175**

$$= \sqrt{\frac{2}{\pi}} \frac{1 - \cos \omega T}{\omega^2} = \sqrt{\frac{1}{2\pi}} \frac{4 \sin^2 (\omega T/2)}{\omega^2}$$

4.6 表 4.1 より $F(\omega) = i\omega \left\{ \dfrac{1}{\sqrt{2\pi}} \dfrac{\sin^2 (\omega T/2)}{\omega^2/4} \right\} = \dfrac{1}{\sqrt{2\pi}} \dfrac{i \sin^2 (\omega T/2)}{\omega/4}$ となる.

式 (4.61) を用いて直接計算する. $F(\omega) = \dfrac{1}{\sqrt{2\pi}} \left\{ \displaystyle\int_{-T}^{0} e^{-i\omega t} dt + \int_{0}^{T} (-e^{-i\omega t}) dt \right\}$

$$= \frac{1}{\sqrt{2\pi}} \left(\frac{-1 + e^{i\omega T}}{i\omega} + \frac{e^{-i\omega T} - 1}{i\omega} \right) = \frac{1}{\sqrt{2\pi}} \frac{e^{i\omega T} - 2 + e^{-i\omega T}}{i\omega} = \frac{1}{\sqrt{2\pi}} \frac{(e^{i\omega \frac{T}{2}} - e^{-i\omega \frac{T}{2}})^2}{i\omega}$$

$$= \frac{1}{\sqrt{2\pi}} \frac{i \sin^2 (\omega T/2)}{\omega/4}$$ となる.

または, 奇関数であるので, 式 (4.65) を用いて, 以下のようになる.

$$F(\omega) = \frac{1}{i} \sqrt{\frac{2}{\pi}} \int_{0}^{T} (-1) \sin \omega t \, dt = \frac{1}{i} \sqrt{\frac{2}{\pi}} \left[\frac{\cos \omega t}{\omega} \right]_{0}^{T} = \frac{1}{i} \sqrt{\frac{2}{\pi}} \frac{\cos \omega T - 1}{\omega}$$

$$= \sqrt{\frac{1}{2\pi}} \frac{i4 \sin^2 (\omega T/2)}{\omega}$$

4.7 $f(t) = \dfrac{\sin t}{t}$ は偶関数, $\sqrt{\dfrac{2}{\pi}} \displaystyle\int_{0}^{\infty} \dfrac{\sin t \cos \omega t}{t} dt = F(\omega)$ は $f(t)$ のフーリエ変換.

$F(\omega) = \begin{cases} \sqrt{\dfrac{\pi}{2}} & (0 \le \omega < 1) \\ 0 & (\omega > 1) \end{cases}$ であることを示すには, $F(\omega)$ がその式で与えられるとき,

$\sqrt{\dfrac{2}{\pi}} \displaystyle\int_{0}^{\infty} F(\omega) \cos \omega t \, d\omega = \dfrac{\sin t}{t}$ が成り立つことを示せばよい.

$$\sqrt{\frac{2}{\pi}} \int_{0}^{\infty} F(\omega) \cos \omega t \, d\omega = \int_{0}^{1} \cos \omega t \, d\omega = \frac{\sin t}{t}$$

第 5 章

5.1 (1) ラプラス変換すると, $X(s) = \dfrac{2}{s} + \dfrac{2}{s^2} + \dfrac{2}{s^3}$ となる.

(2) ラプラス変換すると, $X(s) = \dfrac{1}{(s-2)^2} + \dfrac{3s}{s^2 + 9}$ となる.

(3) ラプラス変換すると, $X(s) = \dfrac{3}{(s-2)^2 + 9} + \dfrac{6s}{(s^2 + 9)^2}$ となる.

5.2 (1) 式変形すると, $X(s) = \dfrac{s+1}{s(s+3)} = \dfrac{1}{3}\dfrac{1}{s} + \dfrac{2}{3}\dfrac{1}{s+3}$ となる. 逆ラプラス変換により, 解 $x(t) = \dfrac{1}{3} + \dfrac{2}{3}e^{-3t}$ を得る.

(2) 式変形すると, $X(s) = \dfrac{s^2 + 6}{(s^2 + 1)(s^2 + 4)} = \dfrac{5}{3}\dfrac{1}{s^2 + 1} - \dfrac{1}{3}\dfrac{2}{s^2 + 4}$ となる. 逆ラプラ

176　章末問題の解答

ス変換により，解 $x(t) = \dfrac{5}{3}\sin t - \dfrac{1}{3}\sin 2t$ を得る．

(3) 与えられた関数を $X(s) = \dfrac{s^3 + 5s^2 + 1}{s^2(s^2 + 4s + 5)} = \dfrac{a}{s} + \dfrac{b}{s^2} + \dfrac{cs + d}{s^2 + 4s + 5}$ とおくと，

$a = -\dfrac{4}{25}$，$b = \dfrac{1}{5}$，$c = \dfrac{29}{25}$，$d = \dfrac{136}{25}$ となる．$X(s)$ の第 3 項は，$\dfrac{(29/25)s + 136/25}{(s+2)^2 + 1} =$

$\dfrac{29}{25}\dfrac{(s+2) + 136/29 - 2}{(s+2)^2 + 1} = \dfrac{29}{25}\dfrac{s+2}{(s+2)^2 + 1} + \dfrac{29}{25}\dfrac{78/29}{(s+2)^2 + 1}$ となることに注意して逆ラ

プラス変換を行うと，解 $x(t) = -\dfrac{4}{25} + \dfrac{1}{5}t + \dfrac{29}{25}e^{-2t}\cos t + \dfrac{78}{25}e^{-2t}\sin t$ を得る．

5.3　(1) ラプラス変換して $x(0) = 1$ を用いると，$sX(s) - 1 + 3X(s) = 0$ より，$X(s) = \dfrac{1}{s+3}$

となる．逆ラプラス変換により，解 $x(t) = e^{-3t}$ を得る．

(2) ラプラス変換して $x(0) = 1$ を用いると，$sX(s) - x(0) + 3X(s) = \dfrac{1}{s+3}$ より，

$X(s) = \dfrac{1}{s+3}\left(1 + \dfrac{1}{s+3}\right) = \dfrac{1}{s+3} + \dfrac{1}{(s+3)^2}$ となる．逆ラプラス変換により，解

$x(t) = e^{-3t} + te^{-3t}$ を得る．

(3) ラプラス変換して $x(0) = 0$，$\dfrac{dx(0)}{dt} = 0$ を用いると，$s^2 X(s) + 2sX(s) - 8X(s) = \dfrac{1}{s}$

より，$X(s) = \dfrac{1}{s(s^2 + 2s - 8)} = \dfrac{1}{s(s-2)(s+4)} = -\dfrac{1}{8}\dfrac{1}{s} + \dfrac{1}{12}\dfrac{1}{s-2} + \dfrac{1}{24}\dfrac{1}{(s+4)}$ とな

る．逆ラプラス変換により，解 $x(t) = -\dfrac{1}{8} + \dfrac{1}{12}e^{2t} + \dfrac{1}{24}e^{-4t}$ を得る．

(4) ラプラス変換して $x(0) = 0$，$\dfrac{dx(0)}{dt} = 0$ を用いると，$s^2 X(s) + 2sX(s) + X(s) =$

$\dfrac{2}{s^2 + 4}$ より，$X(s) = \dfrac{2}{(s^2 + 4)(s+1)^2}$ となる．ここで，$X(s) = \dfrac{a}{s+1} + \dfrac{b}{(s+1)^2} + \dfrac{cs + d}{s^2 + 4}$

とおくと，$a = \dfrac{4}{25}$，$b = \dfrac{2}{5}$，$c = -\dfrac{4}{25}$，$d = -\dfrac{6}{25}$ となる．$X(s)$ の第 3 項は，

$-\dfrac{4}{25}\dfrac{s}{s^2 + 4} - \dfrac{3}{25}\dfrac{2}{s^2 + 4}$ となることに注意して逆ラプラス変換を行うと，解 $x(t) =$

$\dfrac{4}{25}e^{-t} + \dfrac{2}{5}te^{-t} - \dfrac{4}{25}\cos 2t - \dfrac{3}{25}\sin 2t$ を得る．

5.4　この現象を表す電圧方程式は次式で表される．

$$L\dfrac{di(t)}{dt} + \dfrac{1}{C}\int i(t)dt = E, \quad i(0) = 0, \quad \int_{-\infty}^{0} i(t)dt = 0$$

コンデンサの電荷 $q(t)$ に関する式に変換すると，以下となる．

$$L\dfrac{d^2 q(t)}{dt^2} + \dfrac{1}{C}q(t) = E, \quad \dfrac{dq(0)}{dt} = 0, \quad q(0) = 0$$

物理パラメータに数値を代入すると，

$$\dfrac{d^2 q(t)}{dt^2} + 2q(t) = 1, \quad \dfrac{dq(0)}{dt} = 0, \quad q(0) = 0$$

となる.

Step 1: $Q(s) = \mathcal{L}\{q(t)\}$ とおいてラプラス変換をすると，$s^2 Q(s) + 2Q(s) = \dfrac{1}{s}$ となる.

Step 2: $Q(s)$ を求めると，$Q(s) = \dfrac{1}{s}\dfrac{1}{s^2 + 2}$ となる.

Step 3: $Q(s)$ を部分分数展開すると，$Q(s) = \dfrac{1/2}{s} - \dfrac{(1/2)s}{s^2 + 2}$ となり，これを逆ラプラス変換すると，コンデンサの電荷は $q(t) = 0.5 - 0.5\cos\sqrt{2}t\,[\mathrm{F}]$ となる．電流は $i(t) = \dfrac{dq(t)}{dt} = 0.5\sqrt{2}\sin\sqrt{2}t\,[\mathrm{A}]$ となり，コンデンサの電圧は $v_C(t) = 1 - \cos\sqrt{2}t\,[\mathrm{V}]$ となる.

5.5 題意より，微分方程式は

$$\begin{cases} \dfrac{di_1(t)}{dt} + 0.8i_1(t) - 0.8\dfrac{dq_2(t)}{dt} = 1 \\[2mm] 0.8i_1(t) - 0.8\dfrac{dq_2(t)}{dt} = 4q_2(t) \end{cases}$$

$$i_1(0) = 0, \quad \frac{dq_2(0)}{dt} = 0, \quad q_2(0) = 0$$

となる.

Step 1: $I_1(s) = \mathcal{L}\{i_1(t)\}$，$Q_2(s) = \mathcal{L}\{q_2(t)\}$ とおいて両式をラプラス変換すると，$sI_1(s) + 0.8I_1(s) - 0.8sQ_2(s) = \dfrac{1}{s}$，$0.8I_1(s) - 0.8sQ_2(s) = 4Q_2(s)$ となる.

Step 2: $I_1(s)$ と $Q_2(s)$ を求めると，$I_1(s) = \dfrac{s+5}{s(s^2 + 5s + 4)} = \dfrac{s+5}{s(s+1)(s+4)}$，$Q_2(s) = \dfrac{1}{s(s^2 + 5s + 4)} = \dfrac{1}{s(s+1)(s+4)}$ となる.

Step 3: $I_s(s)$ と $Q_2(s)$ をそれぞれ部分分数展開すると，$I_1(s) = \dfrac{5/4}{s} - \dfrac{4/3}{s+1} + \dfrac{1/12}{s+4}$，$Q_2(s) = \dfrac{1/4}{s} - \dfrac{1/3}{s+1} + \dfrac{1/12}{s+4}$ となり，これを逆ラプラス変換すると，$i_1(t) = \dfrac{5}{4} - \dfrac{4}{3}e^{-t} + \dfrac{1}{12}e^{-4t}\,[\mathrm{A}]$，$q_2(t) = \dfrac{1}{4} - \dfrac{1}{3}e^{-t} + \dfrac{1}{12}e^{-4t}$ を得る．ここから $i_2(t)$ を求めると，$i_2(t) = \dfrac{dq_2(t)}{dt} = \dfrac{1}{3}e^{-t} - \dfrac{1}{3}e^{-4t}\,[\mathrm{A}]$ となる.

5.6 題意より，微分方程式は

$$\frac{d^2\theta(t)}{dt^2} = -9.8\theta(t), \quad \theta(0) = 0.1, \quad \frac{d\theta(0)}{dt} = 0$$

となる.

Step 1: $\Theta(s) = \mathcal{L}\{\theta(t)\}$ とおいてラプラス変換をすると，$s^2\Theta(s) - s\theta(0) - \dfrac{d\theta(0)}{dt} + 9.8\Theta(s) = 0$，すなわち $s^2\Theta(s) - 0.1s + 9.8\Theta(s) = 0$ となる.

Step 2: $\Theta(s)$ を求めると，$\Theta(s) = \dfrac{0.1s}{s^2 + 9.8}$ となる.

Step 3: 逆ラプラス変換すると，$\theta(t) = 0.1\cos\sqrt{9.8}t\,[\mathrm{rad}]$ を得る.

178 章末問題の解答

5.7 題意より，変位 $x(t)$ に関する微分方程式は

$$M\frac{d^2x(t)}{dt^2} = \sin t - Kx(t) - Kx(t) - D\frac{dx(t)}{dt}, \quad x(0) = 0, \quad \frac{dx(0)}{dt} = 0$$

となる．ここに物理パラメータの数値を代入すると，

$$\frac{d^2x(t)}{dt^2} + 5\frac{dx(t)}{dt} + 4x(t) = \sin t, \quad x(0) = 0, \quad \frac{dx(0)}{dt} = 0$$

となる．

Step 1: $X(s) = \mathcal{L}\{x(t)\}$ とおいてラプラス変換をすると，$s^2X(s) + 5sX(s) + 4X(s) = \dfrac{1}{s^2+1}$ となる．

Step 2: $X(s)$ を求めると，$X(s) = \dfrac{1}{(s^2+1)(s^2+5s+4)} = \dfrac{1}{(s^2+1)(s+1)(s+4)}$ となる．

Step 3: $X(s)$ の部分分数展開は，$X(s) = \dfrac{c_1 s + c_2}{s^2+1} + \dfrac{c_3}{s+1} + \dfrac{c_4}{s+4}$ となるので，c_3 と c_4 をヘビサイドの展開定理を用いて求め，その後，c_1 と c_2 を求めると，$X(s) = \dfrac{(-5/34)s + 3/34}{s^2+1} + \dfrac{1/6}{s+1} + \dfrac{-1/51}{s+4}$ となる．これを逆ラプラス変換すると，$x(t) = -\dfrac{5}{34}\cos t + \dfrac{3}{34}\sin t + \dfrac{1}{6}e^{-t} - \dfrac{1}{51}e^{-4t}[\mathrm{m}]$ を得る．

5.8 題意より，$C_A(t)$ に関する微分方程式は

$$20\frac{dC_A(t)}{dt} + 0.2C_A(t) = 2, \quad C_A(0) = 2$$

となり，

$$\frac{dC_A(t)}{dt} + 0.01C_A(t) = 0.1, \quad C_A(0) = 2$$

となる．

Step 1: $C_A(s) = \mathcal{L}\{C_A(t)\}$ とおいてラプラス変換をすると，$sC_A(s) - 2 + 0.01C_A(s) = \dfrac{0.1}{s}$ となる．

Step 2: $C_A(s)$ を求めると，$C_A(s) = \left(\dfrac{0.1}{s} + 2\right)\dfrac{1}{s+0.01} = \dfrac{2s + 0.1}{s(s+0.01)}$ となる．

Step 3: $C_A(s)$ を部分分数展開すると，$C_A(s) = \dfrac{10}{s} + \dfrac{-8}{s+0.01}$ となり，これを逆ラプラス変換すると，$C_A(t) = 10 - 8e^{-0.01t}[\mathrm{mol/L}]$ を得る．

5.9 題意より，水槽の温度 $T(t)$ に関する微分方程式は

$$\frac{dT(t)}{dt} + \frac{1}{MC_p}(vC_p + 200)T(t) = \frac{1}{MC_p}(vC_pT_{in} + 200T_o), \quad T(0) = 293$$

となり，$\alpha = \dfrac{1}{MC_p}(vC_p + 200)$, $\beta = \dfrac{1}{MC_p}(vC_pT_{in} + 200T_o)$ とおくと，

$$\frac{dT(t)}{dt} + \alpha T(t) = \beta, \quad T(0) = 293$$

となる.

Step 1: $T(s) = \mathcal{L}\{T(t)\}$ とおいてラプラス変換をすると,$sT(s) - 293 + \alpha T(s) = \dfrac{\beta}{s}$ となる.

Step 2: $T(s)$ を求めると,$T(s) = \left(\dfrac{\beta}{s} + 293\right)\dfrac{1}{s+\alpha} = \dfrac{293s + \beta}{s(s+\alpha)}$ となる.

Step 3: $T(s)$ を部分分数展開すると,$T(s) = \dfrac{\beta/\alpha}{s} + \dfrac{-(-293\alpha + \beta)/\alpha}{s+\alpha}$ となる.これを逆ラプラス変換すると,$T(t) = \dfrac{\beta}{\alpha} - \dfrac{-293\alpha + \beta}{\alpha}e^{-\alpha t}$ となり,数値を代入すると,$T(t) = 305 - 12.3e^{-0.00124t}[\mathrm{K}]$ を得る.

参考文献

全般的

[1] 有末宏明，松野高典，稗田吉成，片山登揚：わかりやすい応用数学―ベクトル解析・複素解析・ラプラス変換・フーリエ解析，コロナ社 (2010)

[2] 矢野健太郎，石原繁：解析学概論 新版，裳華房 (1982)

[3] 池田峰夫：応用数学の基礎，廣川書店 (1980)

[4] 前山光明：電気電子工学のための 行列・ベクトル・複素関数・フーリエ解析（電気学会大学講座），電気学会 (2009)

第 1 章

[5] 長崎憲一，中村正彰，横山利章：明解微分方程式 改訂版，培風館 (2003)

[6] 足立俊明：工科のための常微分方程式，数理工学社 (2013)

[7] David Burghes, Morag Borrie, 垣田高夫・大町比佐栄共訳：微分方程式で数学モデルを作ろう，日本評論社 (1990)

第 2 章

[8] 関根松夫，佐野元昭：電磁気学を学ぶためのベクトル解析，コロナ社 (1996)

[9] 長沼伸一郎：物理数学の直観的方法―理工系で学ぶ数学「難所突破」の特効薬（ブルーバックス），講談社 (2011)

第 3 章

[10] 鷹尾洋保：複素数のはなし―見えない数を使いこなす，日科技連出版社 (1997)

第 4 章

[11] 春日隆：フーリエ級数の使いみち（物理数学 One Point），共立出版 (1993)

[12] 尾崎弘：大学課程 電気回路 (2) 第 3 版，オーム社 (2000)

[13] 小形正男：振動・波動，裳華房 (1999)

第 5 章

[14] Joseph J. DiStefano, III, Allen R. Stubberud, Ivan J. Williams, 村崎憲雄・大音透・渡辺嘉二郎共訳：マグロウヒル大学演習 システム制御 (1)，オーム社 (1998)

索　引

◆ あ 行 ◆

アナロジー　　28, 149
一般解　　2
オイラーの公式　　79

◆ か 行 ◆

階数　　1
外積　　44
回転　　60
ガウスの定理　　68
奇関数　　116
基本解　　16
基本ベクトル　　42
逆行列　　157
逆ラプラス変換　　135
行　　157
共役複素数　　79
行列　　156
行列式　　157
極　　103
極（座標）形式　　79
虚数単位　　79
虚部　　79
偶関数　　116
グリーンの定理　　94
合成積則　　141
勾配　　56
コーシーの積分公式　　97
コーシーの積分定理　　95
コーシー・リーマンの式　　87
固有値　　158
固有ベクトル　　158

◆ さ 行 ◆

最終値定理　　146

◆ た 行 ◆

時間推移則　　141
実部　　79
周期関数　　111
常微分方程式　　1
初期条件　　2
初期値定理　　146
初期値問題　　2
スカラー　　41
スカラー積　　43
スカラー場　　56
ストークスの定理　　72
正弦フーリエ級数　　117
正則　　158
正則関数　　86
正方行列　　157
積分因子　　7, 9, 10
積分則　　140
積分変換　　134
線形結合　　2
線形同次微分方程式　　2
線形非同次微分方程式　　2
線積分　　62
線素　　53

◆ た 行 ◆

対角行列　　157
体積積分　　68
単位行列　　157
単位ステップ関数　　137
定数変化法　　13, 23
テイラー展開　　79, 100, 160
デカルト座標系　　42
デルタ関数　　126, 138
導関数　　1
同次微分方程式　　2
特異点　　97

特殊解　2
特性根　15
特性方程式　15
独立変数　1

◆な　行◆

内積　43
ナブラ　56

◆は　行◆

パーセバルの式　120
発散　58
発散定理　68
ハミルトンの演算子　56
非同次項　2
非同次微分方程式　2
微分演算子法　15
微分則　140
複素数　78
複素フーリエ級数　124
複素平面　78
フーリエ級数　112
フーリエ係数　112
フーリエ積分　129
フーリエ変換　129, 136
分岐　82
分枝　82
平均値の定理　159
ベクトル　41
ベクトル積　44
ベクトル場　56

ヘビサイドの展開定理　144
偏角　79
変数分離　4
方向余弦　43
法線ベクトル　54

◆ま　行◆

マクローリン展開　79, 100, 160
未知関数　1
未定係数法　21
面積素　55
面積分　66
面素　55

◆や　行◆

余因子　158
余因子展開　158
要素　157
余弦フーリエ級数　116

◆ら　行◆

ラプラシアン　77
ラプラス演算子　135
ラプラス変換　134
留数　104
留数定理　107
列　157
連立微分方程式　30
ローラン展開　101
ロンスキー行列式　25

監 修 者 略 歴

松井　信行（まつい・のぶゆき）
　1968 年　名古屋工業大学大学院工学研究科修士課程修了（電気工学専攻）
　1968 年　名古屋工業大学電気工学科助手
　1976 年　工学博士（東京工業大学）
　1985 年　名古屋工業大学電気情報工学科教授
　現在　名古屋工業大学名誉教授

著 者 略 歴

市村　正也（いちむら・まさや）
　1988 年　京都大学大学院工学研究科電気工学専攻博士課程修了（工学博士）
　1988 年　名古屋工業大学電気情報工学科助手
　2004 年　名古屋工業大学大学院工学研究科電気電子工学専攻教授
　現在　名古屋工業大学大学院工学研究科電気・機械工学専攻教授

森田　良文（もりた・よしふみ）
　1989 年　名古屋工業大学大学院工学研究科電気情報工学専攻博士前期
　　　　　課程修了
　1989 年　株式会社日本電装（現在，株式会社デンソー）
　1991 年　岐阜工業高等専門学校電子制御工学科助手
　1998 年　博士（工学）（名古屋工業大学）
　2000 年　名古屋工業大学電気情報工学科講師
　2009 年　名古屋工業大学大学院工学研究科電気電子工学専攻教授
　現在　名古屋工業大学大学院工学研究科電気・機械工学専攻教授

編集担当　上村紗帆（森北出版）
編集責任　富井　晃（森北出版）
組　　版　藤原印刷
印　　刷　同
製　　本　同

工学系のための応用数学　　　　　　　ⓒ 市村正也・森田良文　*2018*

2018 年 9 月 28 日　第 1 版第 1 刷発行　　【本書の無断転載を禁ず】
2024 年 2 月 21 日　第 1 版第 4 刷発行

監 修 者　松井信行
著　　者　市村正也・森田良文
発 行 者　森北博巳
発 行 所　森北出版株式会社
　　　　　東京都千代田区富士見 1-4-11（〒 102-0071）
　　　　　電話 03-3265-8341／FAX 03-3264-8709
　　　　　https://www.morikita.co.jp/
　　　　　日本書籍出版協会・自然科学書協会　会員
　　　　　JCOPY　<（一社）出版者著作権管理機構　委託出版物>

落丁・乱丁本はお取替えいたします．

Printed in Japan／ISBN978-4-627-08201-4

MEMO